数据科学难点解惑
Data Science: The Hard Parts

[墨西哥] 丹尼尔·沃恩 (Daniel Vaughan) 著

王薇 译

Beijing · Boston · Farnham · Sebastopol · Tokyo　O'REILLY®

O'Reilly Media, Inc. 授权中国电力出版社出版

中国电力出版社
CHINA ELECTRIC POWER PRESS

图书在版编目（CIP）数据

数据科学难点解惑 /（墨西哥）丹尼尔·沃恩（Daniel Vaughan）著；

王薇译 . -- 北京：中国电力出版社，2025.8. -- ISBN

978-7-5239-0155-7

I. TP274

中国国家版本馆 CIP 数据核字第 2025TZ0443 号

北京市版权局著作权合同登记　图字：01-2025-2115 号

出版发行：中国电力出版社

地　　址：北京市东城区北京站西街 19 号（邮政编码 100005）

网　　址：http://www.cepp.sgcc.com.cn

责任编辑：刘　炽（liuchi1030@163.com）

责任校对：黄　蓓，王小鹏

装帧设计：Karen Montgomery，马冬燕

责任印制：杨晓东

印　　刷：三河市航远印刷有限公司

版　　次：2025 年 8 月第一版

印　　次：2025 年 8 月北京第一次印刷

开　　本：750 毫米 ×980 毫米 16 开本

印　　张：17.25

字　　数：319 千字

印　　数：0001—2500 册

定　　价：88.00元

O'Reilly Media, Inc.介绍

O'Reilly以"分享创新知识、改变世界"为己任。40多年来我们一直向企业、个人提供成功所必需之技能及思想，激励他们创新并做得更好。

O'Reilly业务的核心是独特的专家及创新者网络，众多专家及创新者通过我们分享知识。我们的在线学习（Online Learning）平台提供独家的直播培训、互动学习、认证体验、图书、视频，等等，使客户更容易获取业务成功所需的专业知识。几十年来O'Reilly图书一直被视为学习开创未来之技术的权威资料。我们所做的一切是为了帮助各领域的专业人士学习最佳实践，发现并塑造科技行业未来的新趋势。

我们的客户渴望做出推动世界前进的创新之举，我们希望能助他们一臂之力。

业界评论

"O'Reilly Radar博客有口皆碑。"

　　　　——*Wired*

"O'Reilly凭借一系列非凡想法（真希望当初我也想到了）建立了数百万美元的业务。"

　　　　——*Business 2.0*

"O'Reilly Conference是聚集关键思想领袖的绝对典范。"

　　　　——*CRN*

"一本O'Reilly的书就代表一个有用、有前途、需要学习的主题。"

　　　　——*Irish Times*

"Tim是位特立独行的商人，他不光放眼于最长远、最广阔的领域，并且切实地按照Yogi Berra的建议去做了：'如果你在路上遇到岔路口，那就走小路。'回顾过去，Tim似乎每一次都选择了小路，而且有几次都是一闪即逝的机会，尽管大路也不错。"

　　　　——*Linux Journal*

本书献给我的兄弟 Nicolas,

我非常爱他并敬佩他。

目录

第二部分 机器学习

前言

我认为学习和实践数据科学是困难的。这是因为人们期望你不仅要成为一名优秀的程序员，掌握数据结构及其计算复杂性的细微差别，还要精通 Python 和 SQL。统计学及最新的机器学习预测技术应该是你的第二语言，你还需要能够应用所有这些知识来解决可能出现的实际商业问题。然而，这项工作也很困难，因为你还必须成为一位优秀的沟通者，能够向不熟悉数据驱动决策的非技术利益相关者讲述引人入胜的故事。

所以，让我们诚实一点：数据科学的理论与实践很难几乎是不言而喻的。任何旨在覆盖数据科学困难部分的书籍，要么是百科全书式的全面，要么必须经过预筛选流程，剔除某些主题。

我必须一开始就承认，这是一系列我认为在数据科学学习中较难的主题，而这一标签本质上是主观的。为了减少主观性，我想说这些主题并不是因为复杂性而更难学习，而是因为在当今阶段，这个职业对这些作为入门主题的重要性评估相对较低。因此，在实践中，它们更难学习，因为很难找到相关的材料。

数据科学课程通常强调学习编程和机器学习，这也是我称之为数据科学中的"大主题"。几乎所有其他内容都要在工作中学习，不幸的是，能否找到一个导师，对你的第一份或第二份工作有很大影响。大型科技公司好的地方在于它们拥有同样庞大的人才密度，所以这些相对隐形的主题成为当地公司亚文化的一部分，而这些信息对许多从业人员来说是难以获得的。

1

这本书旨在帮助你成为一名更高效的数据科学家。我将其分为两个部分：数据分析的主题和数据科学的软技能，以及关于机器学习（ML）。

尽管可以按照任意顺序阅读而不会产生重大摩擦，但某些章节确实引用了之前的章节；大多数情况下，你可以跳过这些引用，内容仍然会保持清晰和自解释。引用主要用于提供在看似独立主题之间的统一感。

第一部分包含的主题：

第 1 章，那又怎样？利用数据科学创造价值
　　数据科学在为组织创造价值中的作用是什么？如何衡量？

第 2 章，指标设计
　　我认为数据科学家最适合改进可操作指标的设计。在这里，我向你展示如何做到这一点。

第 3 章，增长分解：理解顺境与逆境
　　了解业务发生的情况并提出引人注目的故事是数据科学家常见的任务。本章介绍一些可以用来自动化部分工作流程的增长分解。

第 4 章，2×2 设计
　　学习简化世界可以帮助你走得更远，而 2×2 设计将帮助你实现这一目标，并改善与利益相关者的沟通。

第 5 章，构建商业案例
　　在开始项目之前，你应该有一个商业案例。本章向你展示如何做到这一点。

第 6 章，提升度是什么
　　虽然很简单，提升度可以加快你可能考虑用机器学习完成的分析。我在本章中解释提升度。

第 7 章，叙述
　　数据科学家需要变得更擅长讲故事和构建引人入胜的叙述。在这里，我向你展示如何做到。

第 8 章，数据可视化：选择正确的图表来传递信息

花足够的时间在数据可视化上也应该有助于你的叙述。本章讨论了一些最佳实践。

第二部分是关于机器学习（ML）的部分：

第 9 章，模拟法和自助法

模拟技术可以帮助你加强对不同预测算法的理解。我将向你展示如何使用，以及使用你最喜欢的回归和分类技术时的一些注意事项。我还讨论了可以用来找到一些难以计算的估计值的置信区间的抽样技术。

第 10 章，线性回归：回到基础

深入了解线性回归对于理解一些更高级的主题至关重要。在这一章中，我回到基础知识，希望能够为机器学习算法提供更强的直观基础。

第 11 章，数据泄露

什么是数据泄露，如何识别和防止它？本章将说明。

第 12 章，生产化模型

一个模型只有在它达到生产阶段时才是有用的。幸运的是，这是一个被很好理解和结构化的问题，我会展示这些步骤中的关键步骤。

第 13 章，机器学习中的故事讲述

你可以使用一些优秀的技术来打开黑箱子，以便在机器学习中出色地讲述故事。

第 14 章，从预测到决策

我们通过数据驱动和机器学习驱动的流程增强决策能力，从而创造价值。这里我向你展示如何从预测转向决策的例子。

第 15 章，增量：数据科学的圣杯

因果关系在数据科学中得到了越来越多的关注，但仍然被视为一个相对小众的领域。在这章中，我将介绍基础知识，并提供可以在你的组织中直接应用的示例和代码。

第 16 章，A/B 测试

A/B 测试是估计替代行动增量性的典型例子。但实验需要一些强大的统计学背景（和商业知识）。

第 17 章是比较特殊的，因为这是唯一一章没有呈现任何技术的地方。在这里，我对数据科学的未来做了一些推测，考虑到生成性人工智能（AI）的出现。主要收获是，我预计职位描述在未来几年会发生剧烈变化，数据科学家应该为这场革命做好准备。

这本书面向所有级别和资历的数据科学家编写。为了充分利用本书，最好具备中高级的机器学习算法知识，因为我不会花时间介绍线性回归、分类和回归树或集成学习，例如随机森林或梯度提升机。

排版约定

本书采用以下排版约定。

斜体（*Italic*）
表示新术语、URL、电子邮件地址、文件名和文件扩展名。

等宽字体（`Constant width`）
表示程序清单，在段落内表示程序元素，例如变量、函数名称、数据库、数据类型、环境变量、语句和关键字。

表示提示或建议。

表示一般性说明。

表示警告或提醒。

使用代码示例

本书附带资源（代码示例、练习等）的下载地址：*https://oreil.ly/dshp-repo*。

与本书相关的技术问题，或者在使用代码示例上有疑问，请发电子邮件到 *bookquestions@oreilly.com*。

本书是要帮你完成工作的。一般来说，如果本书提供了示例代码，你可以把它用在你的程序或文档中。除非你使用了很大一部分代码，否则无需联系我们获得许可。比如，用本书的几个代码片段写一个程序就无需获得许可，销售或分发 O'Reilly 图书的示例集则需要获得许可；引用本书中的示例代码回答问题无需获得许可，将书中大量的代码放到你的产品文档中则需要获得许可。我们很希望但并不强制要求你在引用本书内容时加上引用说明。引用说明一般包括书名、作者、出版社和 ISBN，例如："*Data Science: The Hard Parts* by Daniel Vaughan (O'Reilly). Copyright 2024 Daniel Vaughan, 978-1-098-14647-4"。

如果你觉得自己对示例代码的使用超出了上述许可范围，请通过 *permissions@oreilly.com* 与我们联系。

O'Reilly 在线学习平台（O'Reilly Online Learning）

O'REILLY®　近 40 年来，O'Reilly Media 致力于提供技术和商业培训、知识和卓越见解，来帮助众多公司取得成功。

公司独有的专家和改革创新者网络通过 O'Reilly 书籍、文章以及在线学习平台，分享他们的专业知识和实践经验。O'Reilly 在线学习平台按照您的需要提供实时培训课程、深入学习渠道、交互式编程环境以及来自 O'Reilly 和其他 200 多家出版商的大量书籍与视频资料。更多信息，请访问网站：*https://www.oreilly.com/*。

联系我们

任何有关本书的意见或疑问，请按照以下地址联系出版社。

美国：

O'Reilly Media, Inc.

1005 Gravenstein Highway North

Sebastopol, CA 95472

中国：

北京市西城区西直门南大街 2 号成铭大厦 C 座 807 室（100035）

奥莱利技术咨询（北京）有限公司

勘误、示例和其他信息可访问 *https://oreil.ly/data-science-the-hard-parts* 获取。

对本书中文版的勘误可以发电子邮件到 *errata@oreilly.com.cn*。

欲了解本社图书和课程的新闻和信息，请访问 *https://oreilly.com*。

我们的 LinkedIn：*https://linkedin.com/company/oreilly-media*。

我们的 Twitter：*https://twitter.com/oreillymedia*。

我们的 YouTube：*https://youtube.com/oreillymedia*。

致谢

我在 Clip 的内部技术研讨会上展示了本书涵盖的许多主题。因此，我要感谢我有幸领导、指导和学习的优秀数据团队。他们的专业知识对本书的内容和形式的塑造至关重要。

我还要由衷感谢我的编辑 Corbin Collins，他耐心且友好地校对了手稿，发现了错误和遗漏，并提出了很多建议，从而在许多方面显著改善了呈现效果。我还特别感谢 Jonathon Owen（产品编辑）和 Sonia Saruba（校对编辑），感谢他们敏锐的眼光、卓越的技能和奉献精神。他们的共同努力显著提升了本书的质量，对此我将永远感激。

感谢技术审阅人员，他们找到书中内容和代码示例的错误和打字错误，并提出改进建议。特别感谢 Naveen Krishnaraj、Brett Holleman 和 Chandra Shukla，感谢他们提供的详细反馈。尽管我们并不总是达成一致，但他们的建设性批评在使我谦卑的同时也让我感受到加强。不用说，所有剩余的错误都是我自己的。

他们永远不会看到这段文字，但我永远感激我的狗 Matilda 和 Domingo，感谢它们无尽的爱、欢笑、温柔和陪伴。

我还要感谢我的朋友和家人，感谢他们的无条件支持和鼓励。特别感谢 Claudia：你在我不断讨论这些想法时给予的耐心，尽管这些想法对你来说几乎毫无意义，这种耐心是无法估量的。

最后，我要感谢无数在数据科学领域工作的研究人员和从业者，他们的工作启发了我并为我提供了信息。如果没有他们的奉献和贡献，本书将无法存在，我荣幸地成为这个充满活力的社区的一部分。

感谢大家的支持。

## 第一部分

数据分析技术

那又怎样？利用数据科学创造价值

过去二十年，数据科学（Data Science，DS）取得了令人瞩目的发展，从一个只有硅谷顶尖科技公司才能负担得起的相对小众领域，发展到如今在许多行业和国家的组织中都存在。尽管如此，许多团队仍然难以为其公司创造可衡量的价值。

那么，DS 对组织的价值是什么？我发现所有资深的数据科学家都在努力解决这个问题，所以也难怪组织会有此疑问。我在第一章中的目标是描述使用 DS 创造价值的一些基本原则。我相信理解和内化这些原则可以帮助你成为更好的数据科学家。

1.1 价值是什么

公司是为了为股东、客户和员工（以及整个社会）创造价值。当然，相对于其他的选择来说，股东期望能获得投资回报。客户从产品的消费中获得价值，并期望这至少与他们支付的价格一样多。

原则上，所有团队和职能部门都应以某种可衡量的方式为价值创造的过程作出贡献，但在许多情况下是没办法进行明确的量化的。DS 对这种缺乏可衡量性的情况并不陌生。

在我的《Analytical Skills for AI and Data Science》（O'Reilly）一书里，我提出了用数据创造价值的一般方法（见图 1-1）。这个想法很简单：数据本身不创造价值。其价值来自利用这些数据所做出的决策的质量。起初，你描述公司当前和过去的状况。通常使用传统的商业智能（BI）工具来完成，如仪表板和报告。借助机器学习（ML），你可以预测有关未来的状态，并试着规避使决策过程变得更加困难的不确定性。如果你能够自动化并优化决策过程的某些部分就能达到顶峰了。那本书主要是为了帮助从业者利用数据做出更好的决策，所以我在这里就不再重复了。

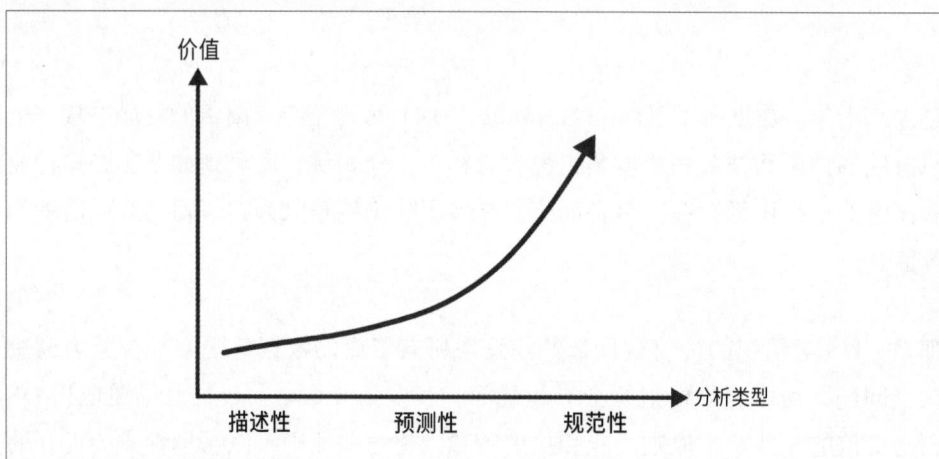

图 1-1：利用数据创造价值

尽管它可能很直观，但我发现这种描述过于笼统和抽象，不适合数据科学家在实践中使用，所以随着时间的推移，我将其转化为一个框架，在介绍叙述的主题（第 7 章）时，这个框架也会很方便。

归根结底，这是同一条原则：增量价值来自提高组织的决策能力。为此，你确实需要了解手头的业务问题（是什么），认真思考手段（所以呢），并积极主动地进行应对（现在怎么办）。

1.2 是什么：了解业务

我总是说，数据科学家应该像利益相关者一样了解业务。关于业务我指的是所有的东西，从运营方面，比如理解和提出新的指标（第2章）以及利益相关者可以采取的能够影响这些指标的措施，到业务背后的经济和心理因素（例如，是什么促使消费者购买你的产品）。

对于数据科学家来说，这听起来有很多东西要学，尤其是你还需要不断更新这些日益发展的技术工具的知识。你真的必须这样做吗？难道你不能只专注于算法、技术栈和数据的技术（有趣）的部分，而让利益相关者专注于他们（不那么有趣）的事情吗？

我的第一个主张是业务是很有趣的！如果数据科学家希望他们的声音被实际的决策者听到，就绝对有必要赢得利益相关者的尊重，即使你不觉得这是令人兴奋的。

在继续之前，让我强调一下，数据科学家很少是商业战略和策略的实际决策者：利益相关者才是实际决策者，包括营销、财务、产品、销售，以及公司中的任何其他团队。

如何做到这一点？以下是我发现的一些有用的东西：

参加非技术会议。
　　没有任何教科书会教你商业运作的细节；你必须亲临现场，从组织的集体知识中学习。

与决策者坐在一起。
　　确保你参加了决策会议。我为我的团队在具有明确界限的组织中所做的事是，如果他们出席会议，那么对每个人都最有利。例如，如果你不了解业务的复杂性，你怎么能为你的模型想出很棒的特征呢？

了解关键绩效指标（KPI）。
　　数据科学家比组织中的其他人有一个优势：他们拥有数据，并经常被要求计算和呈现团队的关键指标。因此你必须了解这些关键指标。这听起来是显而易见的，但许多数据科学家认为这很无聊，而且由于他们不拥有指标，从某种意义上说，他们很可能不负责实现目标，他们很乐意将这一任务委托给利益相关者。除此之外，数据科学家也应该是指标设计方面的专家（第2章）。

保持好奇心并保持开放态度。

数据科学家应该拥有好奇心。我的意思是不要羞于提出问题并挑战组织中公认的事实。有趣的是，我发现许多数据科学家缺乏这种整体的好奇心。好消息是，这是可以学习的。我将在本章末尾分享一些资源。

分散的架构。

这可能不取决于你（或你的经理或你经理的经理），但将数据科学分散至各团队的公司允许业务专业化（并且信任其他积极的外部性）。分散的数据科学组织结构的团队由来自不同背景（数据科学家、业务分析师、工程师、产品等）的人组成，并且擅长让每个人都成为其领域的专家。相反，由一群"专家"担任整个公司的顾问的集中式组织也有优势，但拥有必要的业务专业知识并不是其中之一。

1.3 所以呢：在 DS 中创造价值的要点

为什么你的项目对公司如此重要？为什么有人会关心你的分析或模型？更重要的是，从中可以得出什么行动？这是本章所涵盖问题的关键，顺便说一句，我认为这是在 DS 中对资历进行评定的属性之一。在面试某个职位的候选人时，在回答完必要的技术问题后，我总是直接进入"所以呢"部分。

我一次又一次地看到这个问题：数据科学家花费大量时间运行他们的模型或进行分析，而到了做展示的时候，他们只是阅读了他们所制作的精美图表和可视化数据。事实的确如此。

别误会我的意思，解释你的数据非常重要，因为利益相关者通常不精通数据或数据可视化（尤其是技术性很强的内容；当然，他们能理解报告中的饼图）。但你不应该止步于此。第 7 章将讨论讲故事的实用性，但让我提供一些关于如何培养这种技能的一般指导方针：

从一开始就想想所以呢。

每当我决定开始一个新项目时，我总是按以终为始的思路解决问题：决策者如何使用我的分析或模型的结果？他们有哪些手段？它是否可行？在没有回答这些问题之前，永远不要开始。

写下来。

一旦你弄清楚了所以呢，把它写下来是一个很好的做法。不要由于只关注到技术方面而使其成为次要角色。很多时候，你太沉迷于技术细节，会容易迷失了方向。如果你把它写下来，"所以呢"会在你绝望的时刻充当你的北极星。

了解手段。

这"所以呢"都是关于可采取的措施的。你所关心的KPI通常不是直接可操作的，因此你或公司中的某个人需要采取一些措施来尝试影响这些指标（例如，定价、营销活动、销售激励等）。认真思考一系列可能的行动至关重要。此外，请跳出思维定势。

考虑一下你的听众。

他们是关心你在预测模型中使用的花哨的深度神经网络，还是关心如何使用你的模型来改进他们的指标？我的猜测是后者：如果你能帮助他们取得成功，你也会成功。

1.4 现在怎么办：成为一个积极进取的人

如上所述，数据科学家通常不是决策者。数据科学家和利益相关者之间存在共生关系：你需要他们将你的建议付诸实践，而他们需要你来改善业务。

我见过的最好的数据科学家都是干劲十足的人，他们负责项目的全过程：他们确保每个团队都发挥自己的作用。他们进行了必要的利益相关者管理并发展了其他所谓的软技能来确保这一点。

不幸的是，许多数据科学家处于另一个极端。他们认为他们的工作始于技术部分，终于技术部分。他们已经内化了原本应该避免的功能专业化。

*即使产品经理不同意你的观点，也不要害怕提出产品建议，当营销
利益相关者认为你越界时，建议采用其他沟通策略。*

*话虽如此，但还是要保持谦虚。如果你不具备专业知识，我最好的
建议是，在转向"现在怎么办"这一步之前回到"是什么"这一步，
并成为专家。*

1.5 衡量价值

你的目标是创造可衡量的价值。该怎么达到这一目标呢？这里有一个更普遍适
用的技巧。

数据科学家采取了措施 X 来影响指标 M 并希望它能在当前基线上有所改善。
你可以将 M 看作 X 的函数：

$$X \text{ 的影响} = M(X) - M(\text{基线})$$

让我们通过流失预测模型将这一原则付诸实践：

X

流失预测模型。

M

流失率，即 t 期间不再活跃的用户占 $t - 1$ 期间活跃用户的百分比。

基线

细分策略。

请注意 M 不是 X 的函数！无论有没有预测模型，流失率都是相同的。只有在
你对模型的输出做了一些事情的情况下，指标才会发生变化。你是否明白了价
值是从行动而不是数据或模型中产生的？因此，让我们调整公式，让行动（A）
影响指标：

$$X \text{ 的影响} = M(A(X)) - M(A(\text{基线}))$$

你可以使用哪些手段？在典型的情况下，你会针对那些下个月很可能变得不活跃的用户发起留存活动。例如，你可以打折或发起一场宣传活动。

让我们也应用"是什么""所以呢""现在怎么办"框架：

是什么

　　贵公司如何衡量用户流失率？这是最好的衡量方法吗？负责衡量指标的团队正在采取什么措施来降低用户流失率（基线）？为什么用户变得不活跃？是什么导致了用户流失？对利润和亏损有何影响？

所以呢

　　概率分数将如何使用？你能帮助他们找到要测试的替代手段吗？是否有价格折扣？忠诚度计划怎么样？

现在怎么办

　　你需要公司中参与决策和运营流程的人提供什么信息？你需要法务或财务部门的批准吗？产品部门同意你提议的变更吗？活动何时上线？市场营销部门准备好上线该活动了吗？

我要强调的是"所以呢"和"现在怎么办"部分。你可以拥有一个具有预测性且可解释的出色机器学习模型。但如果实际决策者采取的行动不会影响指标，那么你的团队的价值将为零（所以呢）。在积极主动的方法中，你实际上帮助他们提出替代方案（这对于"是什么"并成为该问题的专家来说很重要）。但你需要确保这一点（现在怎么办）。使用我的符号，你必须拥有 M(A(X))，不仅仅有 X。

一旦你量化了模型的增量，就该将其转化为价值了。有些团队很乐意说流失率减少了一些，然后就此止步。但即使在这些情况下，我也觉得得出一个钱的图表是很有用的。如果你能展示你为公司带来了多少增量价值，就更容易为你的团队获得更多资源了。

在这个例子中，这可以通过几种方式实现。最简单的方法是使用文字来表示价值。

假设每个用户的月平均收入为 R，公司的活跃用户数量为 B：

用户流失的成本 (A, X) = B × 流失率 (A(X)) × R

如果你有 100 个用户，每个用户每月带来 7 美元的收入，而每月的流失率为 10%，那么公司每月损失 70 美元。

增加的货币价值是采用和不采用模型的成本差额。在进行因式分解后，可以得到：

Δ 客户流失成本 (A, 基线 , X) = B × Δ 流失率 (A; X，基线) × R

如果以前使用的细分策略每月节省 70 美元，而现在该机器学习模型节省 90 美元，那么为该组织提供的增量价值就是 20 美元。

更复杂的方法还将包括其他价值产生的变化，例如假阳性和假阴性的成本：

假阳性
用昂贵的手段来吸引目标用户是很常见的，但有些用户无论如何都不会流失。你可以衡量一下这些手段的成本。例如，如果给 100 名用户在价格 P 的基础上再折扣 10%，但实际上这些用户里只有 95 个会流失，由于假阳性，你损失了 5 × 0.1 × P。

假阴性
预测错误的机会成本是那些最终会流失但未被检测到的用户所带来的收入。这些成本可以用我们刚刚介绍的方程式来计算。

1.6 关键要点

现在我将总结一下本章的主要信息：

企业存在的意义就是创造价值，因此，团队也应该创造价值。

一支不创造价值的数据科学团队对公司来说是非常奢侈的。DS 的炒作为你赢得了一些回旋余地，但要想生存下去，你需要确保 DS 的商业案例对公司有利。

价值是通过决策来创造的。

DS 的价值来自通过你所熟悉和喜爱的数据驱动、基于证据的工具包来提高公司的决策能力。

价值创造的要点是"现在怎么办"。

如果你的模型或分析无法提供可操作的见解，请从一开始就停止。认真思考手段，成为业务专家。

培养你的软技能。

一旦你有了模型或分析并提出了可行的建议，就该确保端到端的交付了。利益相关者管理是关键，但讨人喜欢同样重要。如果你对自己的业务了如指掌，就不要羞于提出建议。

1.7 扩展阅读

我在我的《Analytical Skills for AI and Data Science》（O'Reilly）一书中谈到了其中几个主题。你可以查看有关学习如何提出业务问题和为你的业务问题找到好的手段的章节。

关于学习的好奇心，请记住你生来就好奇。孩子们总是在问问题，但随着年龄的增长，他们就会忘记这一点。这可能是因为他们的自我意识变强，或者害怕被认为是无知的。你需要克服这些心理障碍。你可以看看 Waren Berger 的《A More Beautiful Question: The Power of Inquiry to Spark Breakthrough Ideas》（Bloomsbury 出版社），或者 Richard Feynman 的几本书（试试《The Pleasure of Finding Things Out》一书）。

在培养必要的社交和沟通技巧方面，有很多资源和东西可以持续学习。我发现 Rick Brandon 和 Marty Seldman 的这本《Survival of the Savvy: High-Integrity Political Tactics for Career and Company Success》（自由出版社）对于以非常务实的方式处理公司政治问题非常有用。

Jocko Willink 和 Leif Babin 合著的《Extreme Ownership: How U.S. Navy Seals Lead and Win》（St. Martin's 出版社）一书描述了伟大的领导者会端到端（极端）的负责。

Chris Voss 和 Tahl Raz 合著的《Never Split the Difference》（Harper Business）非常有助于培养必要的谈判技巧，经典且经常被引用的 Dale Carnegie 的《How to Win Friends and Influence People》（Pocket Books）应该可以帮助你培养一些软技能和对成功至关重要的技能。

第 2 章

指标设计

我认为，优秀的数据科学家也擅长指标设计。什么是指标设计？简而言之，它是寻找具有良好属性的指标的艺术和科学。我将快速讨论其中一些理想的属性，但首先让我说明一下为什么数据科学家应该擅长此事。

一个简单的答案是：因为如果不是我们擅长这件事，还有谁？理想情况下组织中的每个人都应该擅长指标设计。但数据从业者最适合这项任务。数据科学家一直在处理指标：他们计算、报告、分析并希望试着优化它们。以 A/B 测试为例：每个良好的测试都是从拥有正确的输出指标开始的。机器学习（ML）也适用类似的原理：获得正确的结果指标来进行预测至关重要。

2.1 指标应具备的理想属性

为什么公司需要指标？正如第 1 章所述，好的指标可以推动行动。牢记这一成功的标准，让我们逆向分析问题，找出成功的必要条件。

2.1.1 可衡量

从定义上来说，指标是可以衡量的。不幸的是，许多指标并不完美，学会识别它们的缺陷将花费你很长的时间。通常与期望的结果相关的所谓的代替指标比比皆是，你需要了解使用它们的利弊。[注1]

注 1：　例如，在线性回归中，特征上的测量误差会产生参数估计的统计偏差。

一个简单的例子是意图性。假设你想了解早期流失（新用户流失）的驱动因素。其中一些用户实际上从未打算使用该产品，只是试用一下。因此，测量意图性将极大地改善你的预测模型。意图性实际上无法测量，因此你需要找到代替指标，例如，了解应用程序和开始使用应用程序之间的时间差。我认为开始使用它的速度越快，意图就越强。

另一个例子是增长从业者所使用的习惯这一概念。一个应用程序的用户通常完成登录，尝试产品（aha! 时刻），并希望养成习惯。什么是用户达到这一阶段的良好证据？一个常见的代替指标是第一次尝试后的前 X 天内的交互次数。对我来说，习惯就是重复，无论这对每个用户来说意味着什么。从这个意义上讲，代替指标充其量只是重复的早期指标。

2.1.2 可操作性

为了推动决策，指标必须具有可操作性。不幸的是，许多营收指标并不直接具有可操作性。想想收入：这取决于用户购买产品，这是无法强制的。但如果你将指标分解为子指标，可能会出现一些很好的操作手段，正如我将在示例中展示的那样。

2.1.3 相关性

这个指标对于当前问题有用吗？我称这个属性为相关性，因为它强调了指标只适用于特定的业务问题。我可以使用很多信息，但所有指标都包含某些信息。相关性是为正确的问题提供正确的度量标准的属性。

2.1.4 及时性

好的指标会在你需要的时候驱动行动。如果我得知自己患上了晚期癌症，我的医生将无能为力。但如果我定期检查，他们可能会发现早期症状，从而为我提供治疗方案。

用户流失是另一个例子。它通常用一个月内不再活跃来进行衡量和报告：这个月活跃而下个月不活跃的用户的百分比。不幸的是，这个指标可能会产生误报：一些用户只是休息了一下，并没有流失。

获得更可靠的指标的一种方法是将不活跃的窗口从一个月延长到三个月。时间窗口越长，用户只是暂时休息的可能性就越小。但新指标在时效性方面有所下降：现在你必须等待三个月才能标记出流失的用户，而此时进行留存活动可能为时已晚。

2.2 指标分解

通过分解指标，你能够改进这些属性中的任何一个。现在我将详细介绍一些可以帮助你实现此目的的技巧。

2.2.1 漏斗分析

漏斗是一系列连续的行为。例如，在前面习惯的示例中，用户首先需要设置他们的账户，试用产品，然后反复使用。只要你有漏斗，你就可以使用一个简单的技巧来找到子指标。让我先抽象地展示一下这个技巧，然后再提供一些简洁的例子。

图 2-1 显示了典型的漏斗：它是输入 E 和输出 M 之间的一系列阶段序列（滥用符号，这些也代表相应的指标）。我的目标是提高 M。内部阶段表示为 s_1，s_2，s_3，每个阶段提供一个度量，用相应索引 m_i 表示。

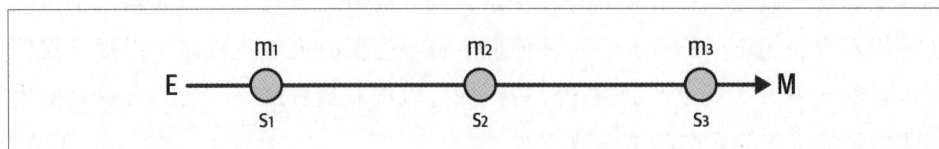

图 2-1：一个典型的漏斗

分解过程如下：从右向左移动，乘以当前的子指标，然后除以前一个的子指标。为了保证等式左右相等，最后乘以漏斗开头的指标（E）。请注意，在消去公共项后，最终结果是 M = M，确保这确实是原始度量的分解。

$$M= \frac{M}{m_3} \times \frac{m_3}{m_2} \times \frac{m_2}{m_1} \times \frac{m_1}{E} \times E$$

每个分数都可以解释为转化率，即前一阶段可获得的数量进入当前阶段的百分比。通常这些子指标中的一个或全部都比原始指标 M 具有更好的属性。现在你已经了解了该技术，是时候将其付诸实践了。

典型的销售漏斗就是这样的。我的目标是增加销售额，但这需要几个步骤。在这里我将稍微简化一下漏斗：

- 产生线索（L：线索数量）。

- 第一次接触（C_1：首次接触的数量）。

- 第二次接触（C_2：第二次接触的数量）。

- 提出报价（O：提出报价的数量）。

- 完成销售（S：销售数量）。

可以分解为：

$$S= \frac{S}{O} \times \frac{O}{C_2} \times \frac{C_2}{C_1} \times \frac{C_1}{L} \times L$$

为了增加销售量，你可以增加线索的数量，或增加各阶段之间的转化率。一些行动与数据科学家有关（例如，提高线索的质量），其他行动与销售团队有关（例如，他们是否建立了足够多的首次联系；如果没有，公司可能需要增加销售队伍的规模或雇用不同的人）。也许他们应该改变谈判或定价策略，以提高报价到销售的比率。甚至对产品进行改进！你可以拥有最好的潜在客户或最好的销售队伍，但仍然缺乏产品市场契合度。

2.2.2 存量流量分解

存量流量分解在当你关心一个的指标是累积的指标时非常有用。让我们首先定义这些概念：存量变量是在特定时间点累积并测量的变量。流量变量不会累积，而是在一段时间内进行测量。一个有用的类比是浴缸：某一时刻的水量 t 等于 t − 1 时刻的水量，加上这两个时刻从水龙头流出的水量，减去流入下水道的水量。

最常见的情况是，当你想了解每月活跃用户（MAU）。我先列出分解公式，然后再进行解释：

$$MAU_t = MAU_{t-1} + \text{Incoming Users}_t - \text{Churned Users}_t$$

如果对于公司来说目标是增长每月活跃用户数，你既可以增加用户的获取量，也可以减少用户的流失。新增用户可能是新用户和回流用户，提供至少一个新手段。

类似的分解适用于任何存量变量（例如银行账户余额）。

2.2.3　P×Q 型分解

另一个常见的情况是试图提高收入。这里的诀窍是乘以并除以合理的指标，从而得出最容易利用的子指标：

$$\text{Revenue} = \frac{\text{Revenue}}{\text{Units Sold}} \times \text{Units Sold} = \text{Unit Price} \times \text{Sales}$$

这说明如何将收入分解为单位（平均）价格和销售额的乘积：R = p × q。要增加收入，你可以提高价格或销售额。有趣的是，销售额与价格呈负相关，因此这种关系是非线性的，这使其成为收入优化的首选工具。

2.3　例子：另一种收入分解

从收入是由活跃用户产生的这一事实出发，你可以尝试进行类似的分解，这对于某些问题和手段的选择可能很有价值：

$$\text{Revenue} = \frac{\text{Revenue}}{\text{MAU}} \times \text{MAU} = \text{ARPU} \times \text{MAU}$$

我只是将收入表示为每用户平均收入（ARPU）和活跃用户的函数。如果我想找到更多的可操作手段，我可以代入 MAU 等式。同样，我也可以代入 p × q 分解以展开列表。

2.4 例子：市场

最后一个例子，考虑一个市场：一个匹配买家（B）和卖家（S）的双边平台。想想 Amazon、eBay、Uber、Airbnb 等。

让我们考虑一个简化的漏斗：

卖家 → 列出的商品 → 查看 → 购买

根据这种解释，公司首先会招募卖家，这些卖家会开始列出被浏览并最终被购买的商品。你的目标是增加购买量。

使用漏斗的逻辑，这可以转化为（大写字母表示每个步骤中的相应指标）：

$$P = \frac{P}{V} \times \frac{V}{L} \times \frac{L}{S} \times S$$

为了涵盖市场的另一方面，让我们应用前面讨论过的另一个技巧，浏览的商品总数等于买家数量乘以每个买家平均浏览的数量：

$$V = \frac{V}{B} \times B$$

经过重新整理后可以得到：

$$P = \frac{P}{V} \times \frac{V}{B} \times \frac{L}{S} \times \frac{1}{L} \times B \times S$$

因此，为了增加购买量，你可以采取以下措施：

- 提高结账效率（*P/V*）。

- 提高买家的参与度（*V/B*）。

- 提高卖家的参与度（*L/S*）。

- 增加买家或卖家的数量

为了保证平等，我加了一个缺乏明显解释的术语（*1/L*）。我并不太在意这个额外的术语，因为我现在有五个子指标可以以不同的方式来利用。[注2]

2.5 关键要点

以下是本章的要点：

你需要良好的指标来推动行动。

> 如果你的目标是找到可以推动行动的手段，那么指标设计至关重要。我对这个问题进行了逆向工程，得出了指标设计所需的一些理想属性。

良好的指标应具备的理想特性。

> 好的指标必须是可衡量的、可操作的、相关的、及时的。

将指标分解为子指标可以让你改进这些属性。

> 漏斗式分解很容易使用，一旦你习惯了它们，你就会开始随处看到漏斗。

> 乘以和除以一个指标的简单技巧可以让你走得很远。但选择指标并不是显而易见的，你需要对业务有很好的了解才能找到它。

指标设计是一个迭代的过程。

> 可以从不完美的指标开始，但如果你把它变成一个不断迭代的过程就更好了。

注2：　如果浏览是从列出的商品集合中随机生成的，则可以对额外的术语进行概率解释。但是这违背了分解的目的。

2.6 扩展阅读

如果你想要一些补充信息，你可以看看我的书《Analytical Skills for AI and Data Science》，但本章更全面地介绍了实际使用的技术。在那本书中，我还展示了如何将 R = p × q 分解用于收入优化。

关于增长爱好者对指标设计的讨论，可以参见 Sean Ellis 和 Morgan Brown 的《HackingGrowth: How Today's Fastest-Growing Companies Drive Breakout Success》（Currency）。

虽然这不是一本关于指标设计的书，而是一本关于 OKR 的书，John Doerr 的《Measure What Matters》（Portfolio）绝对值得一读。我已经使用这里介绍的技术找到了特定团队的子指标了。据我所知，从数据科学的角度来看，没有其他关于这些主题的已出版资源了。

## 第 3 章

增长分解：理解顺境与逆境

第 2 章介绍了一些寻找更好的指标以推动采取一些行动的技术。本章将讨论一个完全不同的话题：如何分解指标以便理解该指标为什么发生了变化。在企业术语中，这些变化通常与顺境或者逆境有关，即对公司状态产生积极或消极影响的因素。

3.1 为什么要进行增长分解

数据科学家经常被要求帮助理解指标变化的根本原因。为什么收入会季度环比（QoQ）或月度环比（MoM）增长？根据我的经验，这些问题很难回答，不仅因为很多事情可能同时发生，还因为其中一些变化的根本原因无法直接衡量，或者没有足够的变化来提供信息。[注1] 典型的例子包括经济状况，监管环境，以及竞争对手做出的决定。

尽管如此，我发现你可以使用一些其他的变化源，当与以下技术结合使用时，可以为正在发生的事情提供线索。

注 1:   在第 10 章中，我讨论了为什么你需要投入的变化来解释产出指标的变化。

3.2 加法分解

顾名思义，当你想了解的指标（输出）可以表示为其他指标（输入）的总和时，这种分解就很方便。在两个输入的情况下，可以表示为 $y_t = y_{1,t} + y_{2,t}$。请注意，我使用的是时间下标。

分析表明，输出从 $t-1$ 到 t ($g_{y,t}$) 的增长是输入增长率的加权平均值：

$$g_{y,t} = \omega_{1,t-1} g_{y_1,t} + \omega_{2,t-1} g_{y_2,t}$$

其中权重相加等于 1，$\omega_{1,t-1} + \omega_{2,t-1} = 1$。

重要的是，权重在每个输入的上一个时期是相对重要的。因此，在 $t-1$ 占比较大的输入将被赋予更大的权重。

3.2.1 例子

在具有事实表和维度表的数据仓库中，添加设置非常常见。我发现用语法里的概念来进行类比有助于区分两者：事实是反应动作或动词，维度是描述动作的副词。事实表通常存储与公司相关的指标，维度表存储有助于理解指标的维度。

这是一个典型的 SQL 查询，它生成所需的数据集作为输入：

```
SELECT DATE_TRUNC('MONTH', ft.fact_timestamp) AS month,
       dt.dimension1 AS dim_values,
       SUM(ft.my_metric) AS monthly_metric
FROM my_fact_table ft
LEFT JOIN my_dim_table dt ON ft.primary_key = dt.primary_key
GROUP BY 1,2
ORDER BY 1,2
```

例如，指标可以是客户的购买量，并且你希望可以按地理区域来展开。由于总销售额必须是各区域销售额的总和，因此这种分解非常方便。它将帮助你了解一个或多个地区的增长率是否是全国范围增长率加速或减速的主要驱动因素。

以下查询的例子重点说明了如何轻松创建一个聚合表，该聚合表使用不同的维度拆分指标。该过程如下：

1. 创建一个管道，定期更新跨不同维度的聚合表。

2. 编写一个脚本，计算某一维度的分解并将结果输出为表 [请参阅 GitHub repo（*https://oreil.ly/dshp-repo*）]。

3. 使用该脚本循环遍历所有维度。

4. 最终结果是包含所有变化来源的表。

此时，你需要了解业务，才能在变化中识别模式。这通常是最难的部分，需要对业务有广泛的了解。

3.2.2 解释和用例

如上所述，通过加法分解，输出的增长率等于输入增长率的加权平均值。尽管如此，我更倾向于分开考虑每个部分或维度的增长贡献，其中每个贡献等于滞后权重和相应增长率的乘积。

简化加法分解

Growth in Output = SUM(inputs' contributions to growth)

当你有多个可以同时使用的维度，并且各个维度可以共同提供有关潜在因素的提示时，分解是一个非常有用的方法。

回到销售的例子中，你可以使用地理区域、商店所在社区的社会经济地位（Socioeconomic Status，SES）以及某些类型的客户细分（例如，按任期）进行分解。

可能会出现这样的结论：全国销售额月度环比下降 7 个百分点，主要原因是：

• 西南地区月度环比下降 14 个百分点。

- 高 SES 区域的商店减速更快。

- 各个任期内的减速相对均匀。

正如我前面提醒的那样，请注意你没有真正找到根本原因；你最好有足够的线索来说明是什么推动了变化。是西南地区的经济减速吗？是这些商店的定价有变化吗？高 SES 客户的满意度如何？

图 3-1 显示了模拟示例中各区域贡献的瀑布图。在本例中，全国范围内下降了 4.6%，导致该现象的主要原因来自西北地区（5.8 个百分点）的强劲减速。西南和西部地区也出现减速，而南部地区则出现了增长。

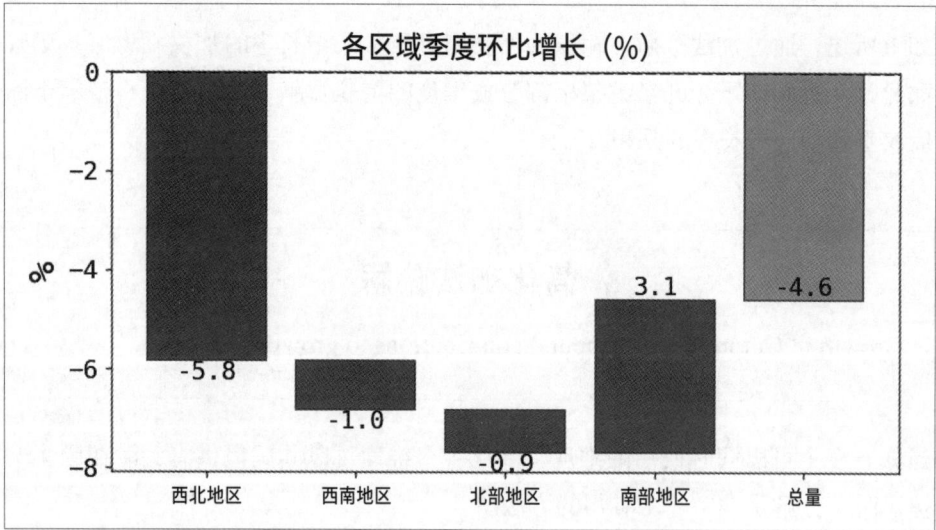

图 3-1：各区域对增长的贡献

3.3 乘法分解

当输出指标可以表示为两个或多个输入的乘积时，乘法分解这种方法是有效的。第 2 章中展示了这些指标在许多设置中是如何自然而然的产生的，例如 $p \times q$。

分解表明，当 $y_t = y_{1,t} \times y_{2,t}$ 时，有：

$$g_{y,t} = g_{1,t} + g_{2,t} + g_{1,t} \times g_{2,t}$$

换句话说，输出的增长率等于增长率之和加上一个综合效应。

3.3.1 例子

让我们来看看第 2 章中收入的分解，可以看到这些是每用户平均收入（ARPU）与每月活跃用户（MAU）的乘积：

$$\text{Revenues} = \text{ARPU} \times \text{MAU}$$

如果收入增长了，可能是因为 ARPU 增长了，或者 MAU 增加了，或者两者都朝着同一个方向变化。更重要的是，通过分解，你直接可以量化每一个指标。

图 3-2 展示了一种可能的模拟 ARPU 分解的图。在本例中，月度环比收入增长的主要驱动力是平均每用户收入的大幅加速（贡献了约 31 个百分点，占总收入增长的 96% 左右）。请注意，综合效应非常小，因为它是输入增长率的乘积。如果它真的可以忽略不计，很多时候你也可以直接放弃它。[注2]

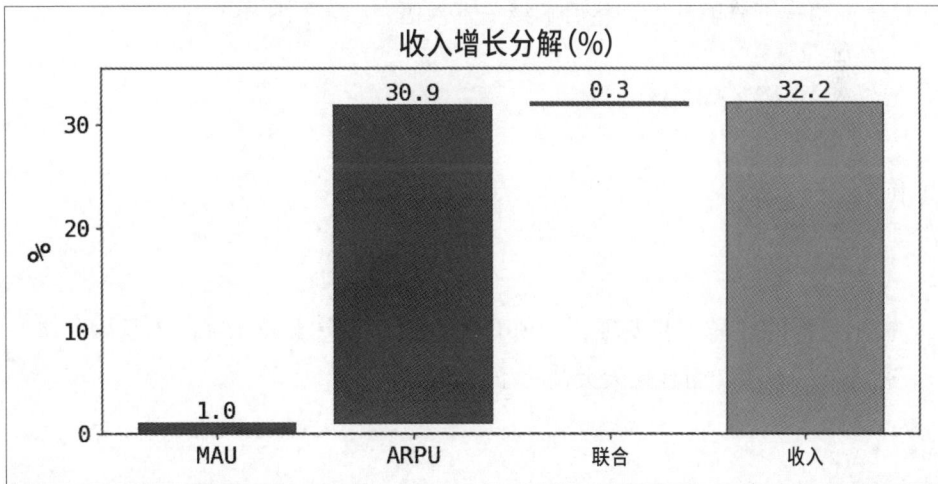

图 3-2：ARPU 的乘法分解

注 2：　如果你使用对数变换，你可以使用泰勒展开式，得到的结果与将输入项的增长率进行加和是相同的。

3.3.2 解释

在乘法的设置中，输出的增长是输入的增长的总和加上综合效应。如果输入超过两个，这仍然成立，但你需要加上综合效应的总和。

简化的乘法分解

Growth in Output = SUM(growth in inputs) + combined effect

3.4 混合比率分解

混合比率分解从加法和乘法分解中各取一部分。假设你的输出指标是其他指标的加权平均值：

$$y_t = \sum_s w_{s,t} x_{s,t} = \mathbf{w}_t \cdot \mathbf{x}_t$$

其中，最后一个等式只是将求和表示为对应向量（粗体）的点积或内积。

让我先说明一下分解过程，然后解释一下术语：

$$\Delta y_t = \Delta_y^x + \Delta_y^w + \Delta\mathbf{w} \cdot \Delta\mathbf{x}$$

其中：

Δy_t

输出指标的差异。我发现，把所有的东西都用差来表示（而不是增长率）通常就足够了，而且这大大简化了符号。

Δ_y^x

如果权重保持在初始值不变，只有输入改变，输出会有什么变化？符号表示只有输入（上标）可以改变输出（下标）。

$$\Delta_y^w$$

如果输入保持在初始值不变，只有权重改变，输出会有什么变化？

$$\Delta w \cdot \Delta x$$

这是权重变化和输入变化的内积。

当我第一次开始思考这种分解时，我从第二点和第三点开始思考，它们是反事实的（即你无法观察到它们），并且对于讲故事非常有用。数学计算不出来，所以我不得不进行推导。我曾经向利益相关者介绍了这一点，他们称之为混合比率；这个术语似乎在很久以前就被使用过，但在网络上搜索后我找不到太多内容，所以我不太确定它的起源或用法。不过，这个术语很好，因为有两个潜在的变化来源：

- 权重的变化（混合）。

- 输入（率）的变化。

3.4.1 例子

加权平均值随处可见。想想看：指标和用户分群的场景。直觉上，该指标是各分群的指标的加权平均值。比率这类的指标总是如此。让我们尝试使用有两个分群的用户平均收入：

$$
\begin{aligned}
ARPU &= \frac{R}{MAU} \\
&= \frac{R_1 + R_2}{MAU_1 + MAU_2} \\
&= \frac{R_1}{MAU_1}\frac{MAU_1}{MAU_1 + MAU_2} + \frac{R_2}{MAU_2}\frac{MAU_2}{MAU_1 + MAU_2} \\
&= \omega_1 ARPU_1 + \omega_2 ARPU_2
\end{aligned}
$$

需要注意的是，权重是指每个分群在某段时间内每月活跃用户的相对占比。通常，权重加起来必须等于一。

图 3-3 显示了模拟数据集的 ARPU 使用该分解方法的一种可能的可视化效果（包含三个分组）。如果占比没有任何变化，ARPU 将增加 3.2 美元（比率）；同样，如果每个分群的 ARPU 没有任何变化，每用户平均收入将下降 1.6 美元（混合）。

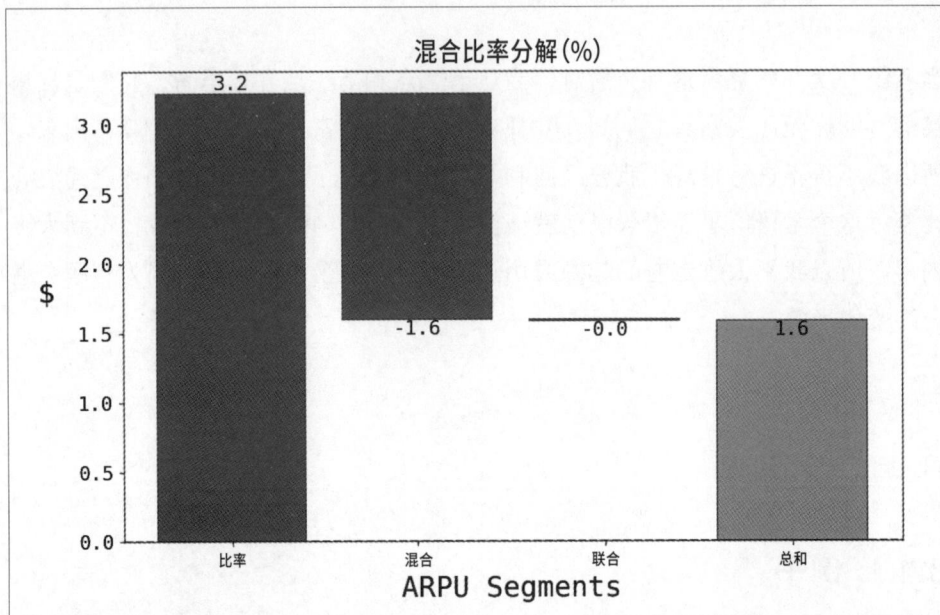

图 3-3：混合比率分解示例

3.4.2 解释

解释起来很简单：指标的变化等于划分出来的各个部分的总和（即，将一个部分固定在初始值，允许另一个部分改变）以及两个变化的综合效果。

简化混合比率分解

Growth in Metric = SUM(partialled-out effects) + combined effect

---

正如前面所说的，我发现第一部分对于讲故事而言是非常引人注目的，因为你可以有效地模拟如果仅改变权重或比率会发生什么。

3.5 数学推导

让我们来对数学进行深入研究；理解数学推导对于编码来说至关重要。我发现自己调试一个函数是因为我没有使用正确的权重，或者因为时间下标错误。

接下来，我将通过仅假设两个加数（加法）、乘数（乘法）或分群（混合比率）来进行简化。这对于推广到更多输入或分群来说会比较容易检查 [但你还是需要小心，正如在代码库中看到的那样（*https://oreil.ly/dshp-repo*）]。

另外，我表示增长率 x 表示为 $g_t = \frac{\Delta x_t}{x_{t-1}}$，其中 $\Delta x_t := x_t - x_{t-1}$，x 的一阶差分。

3.5.1 加法分解

考虑到 y 是可加的：

$$y_t = y_{1,t} + y_{2,t}$$

现在我们取一阶差分得到：

$$\Delta y_t = \Delta y_{1,t} + \Delta y_{2,t}$$

最后，得到增长率：

$$\frac{\Delta y_t}{y_{t-1}} = \frac{\Delta y_{1,t}}{y_{1,t-1}}\frac{y_{1,t-1}}{y_{t-1}} + \frac{\Delta y_{2,t}}{y_{2,t-1}}\frac{y_{2,t-1}}{y_{t-1}} = \omega_{1,t-1}\frac{\Delta y_{1,t}}{y_{1,t-1}} + \omega_{2,t-1}\frac{\Delta y_{2,t}}{y_{2,t-1}}$$

或者

$$g_{y,t} = \omega_{1,t-1}g_{1,t} + \omega_{2,t-1}g_{2,t}$$

3.5.2 乘法分解

考虑到 y 是可乘的：

$$y_t = y_{1,t} \times y_{2,t}$$

对输出取一阶差分，并加上和减去一个额外项（有助于剔除额外项）：

$$\Delta y_t = y_{1,t}y_{2,t} - y_{1,t-1}y_{2,t-1} + y_{1,t}y_{2,t-1} - y_{1,t}y_{2,t-1} = y_{1,t}\Delta y_{2,t} + y_{2,t-1}\Delta y_{1,t}$$

要获得增长率，你只需要稍微小心一点，并记住所有时间段的输出都是相乘的：

$$\frac{\Delta y_t}{y_{t-1}} = \frac{y_{1,t}}{y_{1,t-1}}\frac{\Delta y_{2,t}}{y_{2,t-1}} + \frac{y_{2,t-1}}{y_{2,t-1}}\frac{\Delta y_{1,t}}{y_{1,t-1}} = \left(1 + g_{1,t}\right)g_{2,t} + g_{1,t} = g_{1,t} + g_{2,t} + g_{1,t}g_{2,t}$$

请注意，如果有两个以上的输入，则需要对全部乘积组合进行求和。

3.5.3 混合比率分解

回想一下，对于混合比率的情况，输出指标可以表示为部分指标的加权平均值：

$$y_t = \mathbf{w}_t \cdot \mathbf{x}_t$$

其中权重之和为一，粗体字母表示向量。

在这种情况下，我将进行反向推导，并表明经过一些简化后，会得到原始表达式。这不是最优雅的方式，但我宁愿这样做，而不是加上和减去你不知道从何而来的项。

$$
\begin{aligned}
\Delta_y^x + \Delta_y^w + \Delta\mathbf{w} \cdot \Delta\mathbf{x} &= \underbrace{\mathbf{w}_{t-1} \cdot \Delta\mathbf{x} + \mathbf{x}_{t-1} \cdot \Delta\mathbf{w} + \Delta\mathbf{w} \cdot \Delta\mathbf{x}}_{\text{Replacing the definitions}} \\
&= \underbrace{\Delta\mathbf{x} \cdot \left(\Delta\mathbf{w} + \mathbf{w}_{t-1}\right) + \Delta\mathbf{w} \cdot \mathbf{x}_{t-1}}_{\text{Factoring out } \Delta\mathbf{x}} \\
&= \underbrace{\mathbf{x}_t\mathbf{w}_t - \mathbf{x}_{t-1}\mathbf{w}_{t-1}}_{\text{Simplifying}} \\
&= \Delta y_t
\end{aligned}
$$

3.6 关键要点

以下是本章的要点：

寻找随着时间发生变化的根本原因通常非常困难。

　　在驱动因素上要有足够的变化来评估其影响。

增长分解有助于获得有关根本原因的线索。

　　通过利用这些额外的变化来源（来自其他的输入指标），你可以推测是什
　　么导致了变化。我展示了三种可能适用于你面临的问题的分解方法：加法、
　　乘法和混合比率。

3.7 扩展阅读

据我所知，关于这方面的出版文献并不多。在我的印象里，这些知识会在公司
数据团队中共享，但从未向更广大的公众传播。我在以前的工作中了解了加法
分解，并根据需要创造了另外两个。

数学部分相对来说比较简单，所以不需要进一步深入讲解。如果你仍然感兴趣，
我使用的方法可以在任何离散微积分入门书或讲义中找到。

第 4 章

2×2 设计

几年前当我刚开始从事数据科学工作时，一家咨询公司来到我的办公室，开始绘制这些极其简化的业务视图。我的第一反应是认为这些草图是他们为了销售而耍的花招。如今，我接受了它们，因为它们有助于沟通和讲故事，同时也是用来简化复杂业务的有用辅助工具。

我相信，数据科学（DS）的自然发展路径是从把事情变得过于复杂到对事情进行聪明的简化。我所说的聪明是指爱因斯坦所说的，你应该把"一切尽可能地简单，而不是更简单"作为目标。这句话的美妙之处在于，它表明了实现这一点是多么困难。在这一章中，我将使用一种工具来简化复杂的世界。

4.1 简化的案例

你可能会觉得讽刺的是，在这个大数据、计算能力和复杂预测算法的时代，我主张简化。这些工具可以让你浏览不断增长的数据量，因此无疑提高了数据科学家的生产力，但它们并没有真正简化世界或业务。

让我们停下来思考一下最后这个想法：如果数据越多意味着复杂性越高，那么数据科学家现在绝对有能力理解更多的复杂性。尽管如此，你可以将高维数据投射到低维分数上并不意味着你对事物的运作方式有了更好的理解。

简化有很多种方式，从美学到更实用的功能。对于数据科学家来说，简化有助于他们在开始一个项目时理解和构建最重要的东西。此外，这是一个很好的沟通工具。正如 Richard Feynman 所说，"如果你不能用简单的术语解释某件事，你就没有理解它。"从技术角度来看，应用奥卡姆剃刀原则来选择具有给定预测性能的最简单的模型是很常的。

4.2 什么是 2×2 设计

图 4-1 显示了一个典型的设计。正如最后一个词所暗示的那样，你在决定关注哪些特性方面发挥了积极的作用，当然，具体关注哪些特性会根据实际情况而变化。

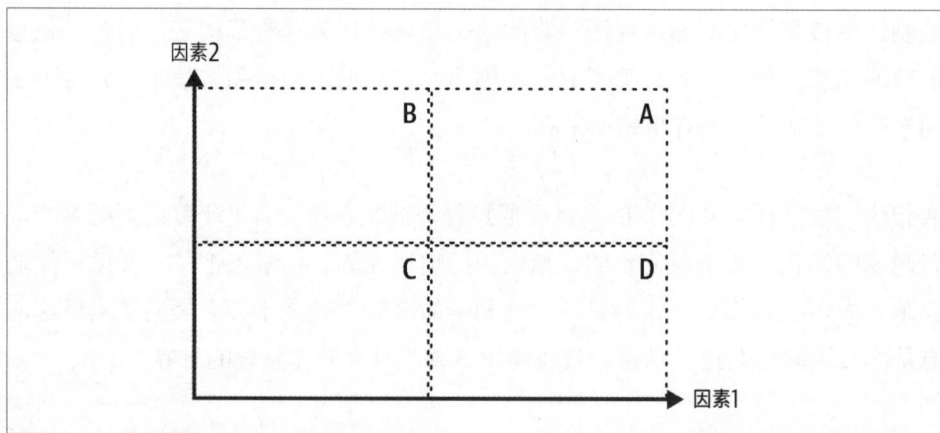

图 4-1：一个典型的 2×2 设计

请注意，我通过只关注我认为与当前任务相关的两个因素或特征来进行简化。因素 1 和因素 2 分别在横轴和纵轴上变化。此外，我通过设置一些阈值水平来离散化那些可能是连续的因素，这些阈值水平由垂直的虚线和水平的虚线表示，分为四个象限：

A

    因素 1 和因素 2 都高的用户。

B

因素 1 低且因素 2 高的用户。

C

因素 1 和因素 2 都低的用户。

D

因素 1 高且因素 2 低的用户。

根据实际情况，我可以尝试这些阈值。

在实验设计中，这些因素通常对应于测试中的不同处理方式，例如横幅中的颜色和信息，或者价格和沟通频率。前者是处理离散因素，后者是处理连续特征。显然，使用离散的因素，你会失去图表中明确的排序感。

理想情况下，所有其他的相关因素都应该保持不变。这个通用的科学原理可以让你识别出这两个因素对你所感兴趣的指标的影响。在第 10 章中，我将回到这一推理线路，但现在请注意，这种分配在你试图简化世界的过程中至关重要：通过一次改变一个因素，在其他所有因素不变的情况下，你可以深入了解每个因素的作用。

在 2×2 的设计中，这种分配是通过使用适当的随机化方案来保证的，该方案使得每个实验组和对照组的参与者在事前是平均相等的。这句有点神秘的话意味着在测试之前，实验组和对照组的平均差异不会太大。

这些设计为统计从业者所熟知，在研究方差分析（ANOVA）时通常会涉及该主题。这里的目标是查看不同组之间输出指标的平均值是否存在差异。处理通常是离散的，但该设计允许通过设置阈值来对连续情况进行处理。

同样的设置也可以用于非实验场景。咨询公司使用的典型例子是仅使用两个特征来细分客户群，这两个特征可能是行为特征，也可能不是行为特征。当我可以用乘法方式分解指标时，我通常会使用它（例如 p × q 分解，见第 2 章）。

例如，单价和交易性。象限 A 代表愿意支付高单价并进行大量交易（平均每个用户的收入高）的客户。请注意，在这里我不能保证其余一切保持不变，就像在实验环境中一样。尽管如此，它仍然允许我专注于我所关心的两个特征。

我现在将展示一些例子。

4.3 示例：测试模型和新功能

我使用 2×2 框架的一个典型场景是当我想同时测试一个新模型和一个操控的有效性时。测试操控的效果通常是在没有这个框架的情况下进行的，只需要两个随机组：一组接受基线处理（对照组），另一组接受新操控（实验组）。实验结束后，我会对均值差异进行典型的统计测试。2×2 设计扩展了这个想法，让你还可以测试模型的性能。

图 4-2 显示了 2×2 设计。横轴上是概率分数（在本例中来自分类模型）。纵轴显示我是否打开或关闭了用于测试的操控：操控开启意味着你向一些用户展示了新的替代方案，操控关闭表示处于基线状态。

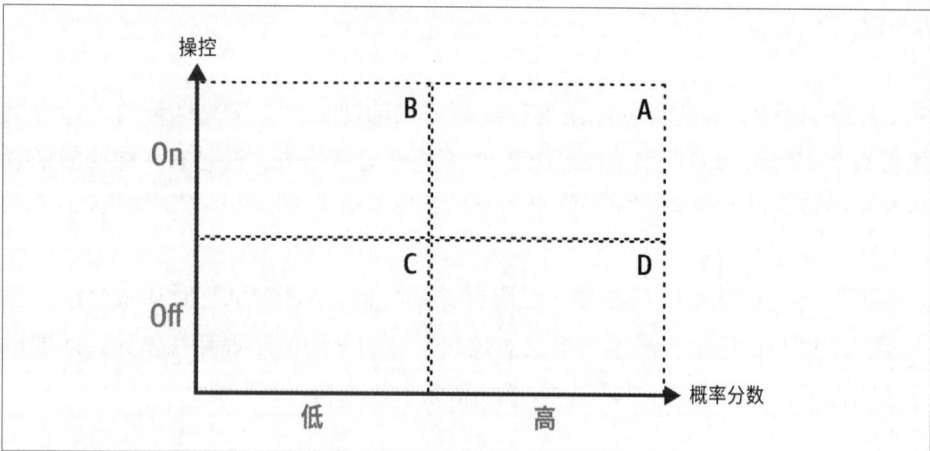

图 4-2：模型和操控的 2×2 测试

请注意 2×2 设计在这里的工作方式：你将图中的 A 组和 B 组用户视为实验组，而对照组由 C 组和 D 组来组成。两个维度的变化使你可以对操控情况和模型进行一些测试。

为了真正了解该设计的好处，假设你想要开展交叉销售活动。为此，你训练了一 ML 分类模型，该模型可以预测谁会接受报价或不接受报价。如果该模型具有预测性，则高概率分数应该具有较高的真阳率。

你想使用新的沟通活动来测试它，该活动突出了购买新产品的好处（"使用智能手表上新的心率监测功能的客户跑步成绩提高了 15%"）。我们还假设基线活动仅提供有关新功能的信息（"我们的新智能手表有针对跑步者的最先进的监测"）。衡量成功的指标是转化率（CR），以活动期间的购买量/用户量来进行衡量。

我们需要检验的假设如下：

单调性
  概率分数越高，转化率就越高：$CR(A) > CR(B)$ 且 $CR(D) > CR(C)$

有效性
  新的沟通手段比基线更有效：$CR(B) = CR(C)$ 且 $CR(A) > CR(D)$

我期望 $CR(D) > CR(C)$ 的原因，是有些用户会自然而然地进行购买，而不需要显示任何沟通信息。如果模型是可预测的（在真实正例意义上），则转化率也应该随着评分的提高而增加。

同样地，我期望 $CR(B) = CR(C)$ 是因为根据模型，我针对的是购买可能性较低的用户。确实，出色的沟通活动可能会转化部分意向性较低的用户，但我认为没有理由期望沟通的影响具有统计显著性。

在设计实验时，你必须考虑统计规模和效果，其中样本大小和最小可检效果至关重要。通常情况下，你没有足够大的样本，因此一种选择是在操控的设计上做到优秀（如在经典的 A/B 测试框架中），而在模型的设计上可以是次优。在这种情况下，你可能只能获得模型性能的偶然证据。我发现这在大多数情况下就足够了，但如果你可以全力以赴，并为这两个因素设计一个好的实验，那么请这样做。实验运行后，你可以检验这些假设并获得一些模型在现实环境中表现和操控的影响的证据。

4.4 示例：了解用户行为

我开始讨论 2×2 统计设计，是因为得益于随机化的力量，你可以控制可能影响感兴趣指标的其他因素。2×2 框架的其他用例通常缺乏这个非常好的属性。尽管如此，它可能仍然有用，我希望这个例子能说明这一点。

不久前，我决定建立一个 2×2 框架来了解特定产品的产品市场契合度。为此，我选取了两个对契合度至关重要的因素，并专注于象限 A，以挑选出在这两个方面都表现出色的用户。然后，我建立了一个 ML 分类模型，其中 A 组中的用户被标记为 1，其他所有人都被标记为 0。目标是理解这些用户是谁。在第 13章中，我将展示如何在不使用 2×2 框架的情况下实际做到这一点。

在那个特定的用例中，我使用了客户参与度和价格。A 组由高度参与并愿意支付高价的用户组成。参与度通常是产品市场契合度的良好指标，因此将其与收入相结合，我得到了所谓的盈利契合。

让我再举一个应用相同逻辑的例子。回想一下客户终身价值（LTV）是用户与公司终身关系的现值：

$$LTV = \sum_t \frac{r_t \times s_t}{(1+d)^t}$$

这里，r_t 是时间 t 所对应的收入，s_t 是从 t–1 到 t 的留存率，d 是折现率。有时，你可以使用利润指标来代替收入，该指标也会考虑某种形式的成本，但在许多

公司（尤其是初创公司）中，通常使用收入指标来计算 LTV 与客户获取成本（CAC）的比率。[注1]

如你所见，LTV 可以表示为收入和留存率的（折现）内积。假设你想了解哪种类型的用户具有较高的 LTV。他们是谁？是什么让他们如此特别？最重要的是，是否有操控方法可以将某些用户转化到顶级的 LTV 桶？

图 4-3 显示了我们已经熟悉的设置。横轴是留存率，纵轴是收入。由于 LTV 是不同时间段的内积，因此你需要找到使这两者都一维化的方法。有几种方法可以做到这一点，但每种都有自己的问题。

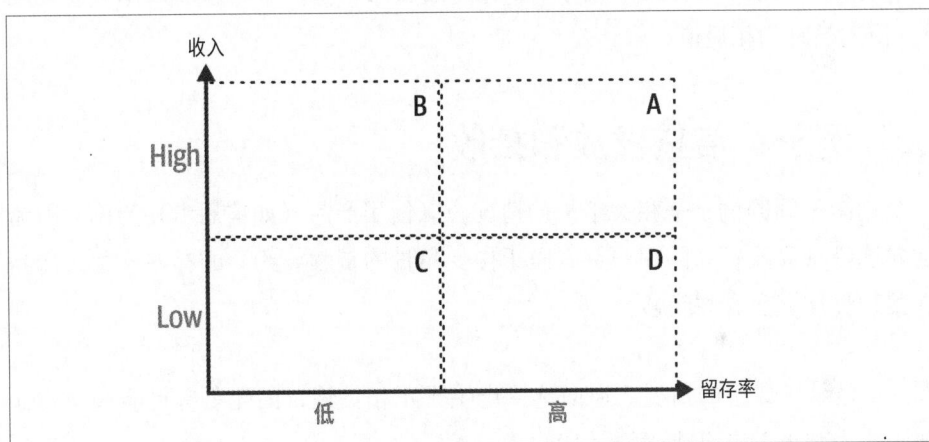

图 4-3：2×2 框架中的 LTV

现在暂时忘记这些细节，你可以先按照我在前面的例子中所做的那样继续：

1. 将 A 组中的用户标记为 1，将其他用户标记为 0，并训练一个预测用户是否属于 A 象限的分类模型。

2. 打开黑匣子，尝试了解一些很可能位于象限 A 的用户的信息（使用第 13 章中介绍的方法）。

注1：　一些公司还会报告"未折现"的 LTV，所以这个表达式简化为分子上的和。

3. 对完整的用户群进行评分，并使用一些阈值分数，可以计算出该产品的机会大小。

至少有两种方法可以将跨时间的数据流转化为二维：

聚合

> 最简单的方法是使用聚合统计数据，例如留存率和收入的平均数或中位数。请注意，聚合可能会使较新的群组在收入方面处于不利地位（例如，交易20个月的用户产生的收入是新用户的20倍）。

选择任意时间段

> 如果你过去发现前六个月对于留存（或收入）至关重要，那么你可以设置使用当时的相应值。

4.5 例子：信贷发放和接收

一个稍微不同的例子是相关结果的情况。以信用产品（如信用卡）为例。因为逆向选择（风险较高的用户更倾向于接受昂贵的贷款要约）的存在，这些产品在某种程度上会有些问题。

图 4-4 显示了典型的情况。逆向选择产生了正相关性，因此更有可能接受贷款要约的用户也更有可能违约（A）。

2×2 设计简化了决策过程：你应该瞄准哪些客户？

B 象限中的报价

> 这些客户更有可能接受和偿还贷款。这是最安全的举措。

调整阈值以获得更大的规模

> 你还可以移动低或高违约风险的阈值定义。如果规模至关重要，这可能会帮助你产生更多的交易量。鉴于信贷发起人的风险偏好，他们通常会进行此类校准。2×2 设计可让你专注于一个操控（风险阈值）。

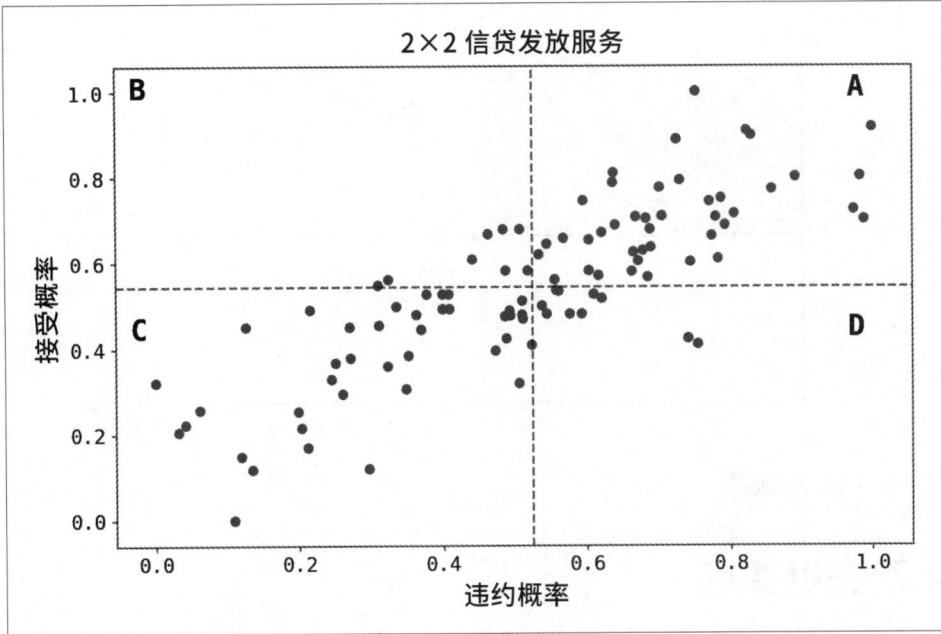

图 4-4：2×2 贷款发放示例

4.6 示例：确定工作流程的优先级

最后一个例子是咨询顾问经常使用的，它应该能帮助你确定项目的优先顺序。这里使用的两个维度是价值（项目对公司的价值）和完成项目需要付出多少努力。

这个想法是，你应该按照这两个维度对项目进行排序。在图 4-5 中，你可以看到项目 x 和 y 在价值方面几乎一样，但是 x 是首选，因为它可以花费更少的努力来完成。同样，y 和 z 的排名也是相对容易的，因为两者付出的努力是相同的，但前者创造的价值要大得多。一般来说，你希望大多数项目都存在于左上象限。

虽然这个 2×2 视图可能很丰富，但它也有局限性。例如，如何比较项目 x 和 z？在第 5 章中，我提出了一种可更广泛地用于比较和排序任何项目集的替代方法。

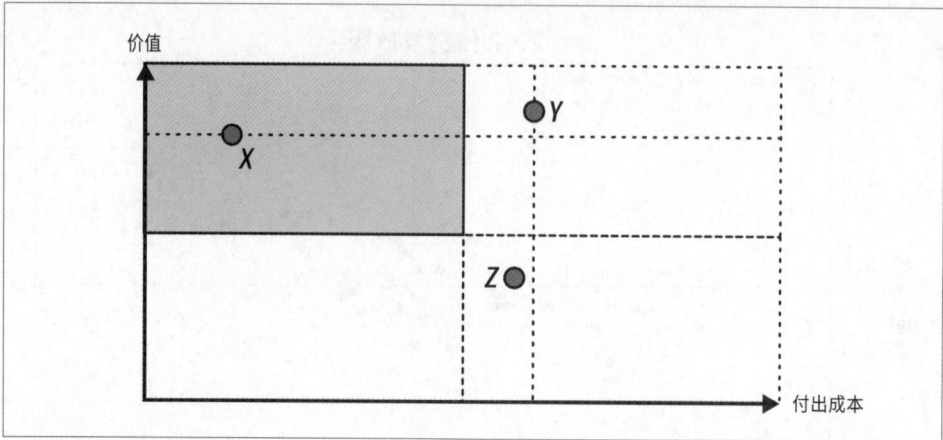

图 4-5：工作优先顺序

4.7 关键要点

以下是本章的要点：

简化的理由

不管你掌握的数据量有多大，如果目标是提高你对复杂世界和业务的理解，那么简化世界是必要的。此外，它有助于向利益相关者传达技术结果，并让你专注于看似最重要的事情。

2×2 图表

这些工具将高维空间简化为二维图，使你能够专注于与当前问题最相关的特定特征或因素。

用例 1：测试模型和操控

一个常见的用例是 2×2 统计设计。例如，当你想同时测试操控的有效性和 ML 模型的预测性能时。你得到了清晰的假设，可以通过正式的统计检验过程。平均而言，随机化保证了其他一切都保持不变。

用例 2：了解你的客户

通过挑选出两个特定特征，你可以使用该框架作为更复杂方法的起点。本章描述了如何使用该框架来了解哪些用户具有较高的 LTV。

用例 3：相关特征

当存在相关特征时，2×2 框架可让你简化决策过程。我使用的示例是贷款发放，其中要约接受取决于由于逆向选择而导致的违约概率。

4.8 扩展阅读

在我的书《Analytical Skills for AI and Data Science》中，我认为学会简化是数据科学家的一项基本技能。这本书中的讨论比本章更为笼统，而且我没有介绍 2×2 设计。本书中我还讨论了 LTV 和 A/B 测试的设计。

John Maeda 的《The Laws of Simplicity》（麻省理工学院出版社）从设计师的角度阐述了如何实现简约。虽然听起来可能毫不相关，但我发现，有些正交的观点总能加深我对问题的理解。

在大多数涉及方差分析的统计学教科书中都可以找到 2×2 统计设计。Georgi Zdravkov Georgiev 所著的《Statistical Methods in Online A/B Testing: Statistics for Data-Driven BusinessDecisions and Risk Management in E-Commerce》（独立出版）对使用多种变体进行测试及其他相关主题进行了很好的讨论。

任何讨论信息不对称的微观经济学教科书都会介绍贷款发放示例中使用的逆向选择。如果你没有经济学背景，其中的技术细节可能会超出理解范围。在我看来，需要记住的重要的一点是，用户使用决策者不知道的关于自己的信息进行自我选择，这会产生很多问题。

第 5 章

构建商业案例

学习为模型或实验编写商业案例是数据科学家应该培养的一项关键技能。它不仅可以帮助你快速了解新项目是否值得你投入时间和精力,还可以帮助你获得利益相关者的认可。而且,这与拥有极致责任感的态度是一致的,这将使你脱颖而出。

商业案例可以非常复杂,但很多时候你可以得出足够准确的估计。在本章中,我将详细介绍商业案例创建的基本原理。

5.1 构建商业案例的一些原则

虽然每个商业案例都不尽相同,但大多数都可以使用相同的基本原则来进行构建:比较是否做出决策,计算所有选择的成本和收益,只考虑增量变化,并且很多时候只需考虑单位经济效益。

决策

商业案例通常用于评估正在考虑的新决策,无论是新的活动、手段的变化还是任何其他决策。

成本、收益和盈亏平衡

大多数有意思的决策都是有所权衡的。一个关键的出发点是列举决策产生的主要成本和收益。商业案例将围绕净收益建立,净收益计算为收益和成本之间的差。盈亏平衡与零净收益是一个意思，是决策的极限情况或最坏情况。

增量

好的商业案例应该只考虑该决策产生的成本和收益。例如，如果你在进行一项实验，你的工资可以视为成本，但这不是增量成本，因为如果你在做其他事情，公司也必须付钱给你。商业案例中应该只包括增量成本和收益。

单位经济效益

大多数情况下，只有普通客户发生的事情才是最重要的，因此你可以只关注这个独立单位的增量成本和收益。商业案例取决于你为该单位计算的净收益的正负；通常情况下，将规模扩大到整个客户群体会以相同的比例影响成本和收益，不会改变净收益的总体正负。

5.2 示例：主动留存策略

让我们评估一下公司是否应该推出主动留存策略。在成本方面，为了使客户留下来你需要给客户一些激励。有很多方法可以做到这一点，但大多数都可以轻松地转化为金钱数 c。在收益方面，原本会流失的客户如果多留一个月，平均每位客户将带来收入 r。

假设你瞄准的是规模为 B 的客户群。其中，A 接受激励。此外，在这些目标客户群中，只有 TP 真正会流失（真阳性）。盈亏平衡条件是通过平衡成本和收益获得的：

$$B \times \frac{A}{B} \times c = B \times \frac{TP}{B} \times r$$

你可以看到在第 2 章中展示过的一种技术。请注意，在这种情况下，你可以只关注平均单位：

$$\frac{A}{B} \times c = \frac{TP}{B} \times r$$

当净收益非负时，开展该活动是有意义的：

$$\frac{TP}{B} \times r - \frac{A}{B} \times c \geq 0$$

第一个分数只是活动基础或样本中的真阳率；第二个分数是接受率。或者，你也可以将它们视为预期收益和成本的样本估计值，以便可以将决策问题巧妙地映射到一个不确定的问题：在活动开始之前，你不知道谁会接受激励，或者在没有激励的情况下谁会真正流失。

现在，你可以插入一些数字来模拟不同场景下的商业案例。此外，你还可以分析可用的手段。这里有三个手段可以发挥作用：

提高真阳率。

  你可以使用机器学习（ML）模型做出更准确的预测，从而真正地帮助商业案例。

控制成本。

  你可以降低激励值（c）。有时假设接受率会随之增加是安全的，这两项都会朝着相同的方向变化。

仅针对具有高 ARPU 的客户。

  直觉上，激励措施应优先提供给高价值客户。在不等式中，这对应于更高的 r。

注意增量是如何发挥作用的：在收益方面，你应该只考虑那些真正会流失的用户所节省的 ARPU（真阳性）。那些打算留下来的人，如果他们接受但不提供增量收益，那么他们的成本就会增加。

那么假阴性呢？请记住，这些是没有被定位且流失的客户。你可以将收入损失作为成本，以便在 ML 实施中权衡准确率和召回率。

5.3 欺诈罪预防

银行经常设立交易限额，以防止欺诈（以及反洗钱）。让我们建立一个商业案例，说明一旦交易超过限额，就阻止该交易的决定。

直观地讲，有两种成本：欺诈成本（c_f）和客户流失造成的收入损失（c_{ch}）。为简单起见，我假设交易受阻的客户肯定会流失，但在实际应用中，这个假设很容易放宽。在收入方面，如果一笔交易被允许通过，公司将获得票务金额（t）。

一旦进入交易，你可以接受或阻止它。无论采取何种行动，它都可能是合法的，也可能不是。表 5-1 显示四种行动和结果组合的成本和收益。

表 5-1：预防欺诈的成本和收益

行动	结果	收益	成本
接受	欺诈	t	c_f
接受	合法	t	0
受阻	欺诈	0	0
受阻	合法	0	c_{ch}

用 p 表示某笔交易是欺诈的概率。计算每种可能操作的预期净收益，可得到：

$$E(\text{net benefits}|\text{accept}) = p\left(t - c_f\right) + (1 - p)t = t - pc_f$$

$$E(\text{net benefits}|\text{block}) = -(1 - p)c_{ch}$$

当阻止交易的净收益超过接受交易的净收益时，阻止票务金额为 t 的交易是最佳选择：

$$E(\text{net benefits}|\text{block}) - E(\text{net benefits}|\text{accept}) = pc_f - (t + (1 - p)c_{ch}) \geqslant 0$$

最后一个不等式是商业案例的核心。从收益方面来看，如果交易是欺诈性的，通过阻止交易，你可以节省发生欺诈的成本（c_f）。从成本方面来看，阻止交易，你实际上是忽略了收入 t，并且如果交易不是欺诈性的，则会产生潜在的客户流失成本（c_{ch}）。

和以前一样，让我们把注意力转向所用的操控手段。除了阻止或接受之外，你还可以选择限制（L），这样票务金额更高的交易将被阻止，其他的都会被接受。但是这个不等式的极限在哪里呢？

欺诈的概率通常是这个限制的函数：$p(t|L)$。在许多应用中，这个函数通常是递增的。每当欺诈者寻求短期、快速、相对较大的回报时，就会出现这种情况。通过设置足够大的限制，你可以专注于高概率交易。欺诈的成本通常是票务金额本身，因此也会直接影响收益。然而，这里面临一个权衡：如果交易不是欺诈性的，你就会面临高价值客户流失的风险。

5.4 购买外部数据集

此逻辑适用于你要分析的任何决策。我不会深入讨论细节，而是简要讨论购买外部数据集的情况，这是大多数数据科学团队在某个时候都会评估的决策。

成本就是你的数据提供商决定收取的费用。收益是你的公司可以利用数据创造的增量收入。在某些情况下，这很简单，因为数据本身可以改善决策过程。我正在考虑 KYC（know your customer）或身份管理的案例。在这种情况下，你几乎可以将数据与收入一一对应。

从数据科学的角度来看，在大多数其他有趣的情况下，增量收入取决于关键假设。例如，如果你已经在生产中使用了用于决策过程的 ML 模型，那么在给定此成本的情况下，你可以量化使商业案例有利的最小增量。或者，考虑到这种增量，你可以尝试争取更好的条款。

这个想法可以总结如下：

$$KPI(augmentedd\ ataset) - KPI(original\ dataset) \geqslant c$$

KPI 是 ML 模型性能指标的函数。我强调函数部分，是因为你需要能够将性能指标转换为货币值（如收入），以使其与成本相比较。请注意，要使用原始数据集作为基准，只考虑增量效应。

5.5 从事一个数据科学项目

正如第 1 章所建议的那样，数据科学家应该从事对公司有益的项目。假设你有两个可选的项目 A 和 B，你应该从哪个开始？使用相同的逻辑，如果满足以下条件，你应该选择项目 A：

$$\text{revenue}(A) - \text{cost}(A) \geqslant \text{revenue}(B) - \text{cost}(B)$$

要做出决定，你需要代入一些数字，而计算这些数字本身就是一个项目。这里重要的是你从不等式中获得的直觉：考虑到你的实施成本，优先考虑那些可以带来大量增量净收入的项目。

在第 4 章中，我展示了一个简单的 2×2 框架，并介绍了它是如何通过在价值和工作量轴上对每个项目进行排序来帮助你确定工作优先级的。虽然这个图形工具很有用，但你最终可能会遇到一些麻烦，它无法对在一个维度上占主导地位同时在另一个维度上也占主导地位的项目进行排序（例如，在图 4-5 中的项目 x 和 z）。前面那个不等式通过使用一个共同的度量（金钱）来衡量工作量（成本）和收益来解决了这个问题。

5.6 关键要点

以下是本章的要点：

相关性

　　学习撰写商业案例对于有效管理利益相关者和确保极端所有权非常重要，同时也有助于在不同项目之间合理分配数据科学资源。

商业案例的写作原则

通常,你需要了解成本和收益,以及盈亏平衡。只需关注增量变化。很多时候,你只需要关心影响普通客户的单位经济效益。

5.7 扩展阅读

在我的书《Analytical Skills for AI and Data Science》中,我介绍了一些技巧,这些技巧将帮助你简化商业案例,只关注一阶效应。它还将帮助你理解在不确定的情况下做出决策。

这种成本效益分析是经济分析的标准。我在这里所说的增量通常被称为边际分析。我向非经济学家推荐三本书:Steven E. Landsburg 的《The Armchair Economist: Economics and Everyday Life》(Free Press),Kate Raworth 的《Doughnut Economics: Seven Ways to Think Like a 21st-Century Economist》(Chelsea Green Publishing),以及 Charles Wheelan 的《Naked Economics: Undressing the Dismal Science》(W. W. Norton)。

第 6 章

提升度是什么

有一些非常简单的技术可以帮助你完成各种不同的任务。提升度就是其中一种工具。不幸的是，许多数据科学家不了解提升度，也许是没有看到它们的用处。这一章将帮助你掌握它们。

6.1 定义提升度

一般来说，提升度是一个群体与另一个群体的聚合指标的比例。最常见的聚合方法是取平均值，因为这是期望值的自然样本估计。你将在本章看到一些例子。

$$\text{Lift}(\text{metric}, A, B) = \frac{\text{Metric aggregate for group A}}{\text{Metric aggregate for group B}}$$

在更经典的数据挖掘文献中，聚合是频率或概率，组 A 是组 B 的子集，组 B 通常是我们所研究的总体。这里的目标是衡量相对于总体平均值所选择的算法（例如，聚类或分类器）的性能。

考虑一下美国女性担任首席执行官的提升度。根据随机选择的基线，女性首席执行官应该大约占 50%。在一项研究（*https://oreil.ly/27yD1*）中估计这个数字是 32%。当前就业市场选择机制下的提升度为 0.32/0.5 = 0.64，因此相对于基线人口的分布，女性较少。

顾名思义，提升度衡量的是一组中的聚合指标相对于基线增加或减少的程度。大于或小于 1 的比例分别称为提升或下降。如果没有提升，则比例为 1。

6.2 示例：分类器模型

假设你要训练一个分类器来预测用户的流失。你有一个数据集，其中流失的用户标记为 1，而仍然活跃的用户标记为 0。基线流失率是通过取结果的样本平均值来获得的。

在追踪中的一个常见性能指标是测试样本中得分十分位的真阳率，而在本例中，这可以转化为按十分位计算的流失率。要计算它，你只需按照得分对用户进行排序，并将测试样本分成 10 个大小相等的桶或十分位。然后，对于每个桶，计算相应的流失率。

这个指标很有用，因为它至少可以告诉你三个重要方面的信息：

提升度
  将每十分位的流失率除以测试样本的流失率，即可计算出相应的提升度。这是对模型在各十分位中识别出的流失用户相对于总流失率的评价。

单调性
  分数是否具有参考价值？如果概率分数具有参考价值，那么从积极的意义上讲，分数越高，用户流失率也就越高。

最高的十分位的表现
  在许多应用中，你的目标用户是处在最高十分位的用户。在这个例子中，你可能只想向最有可能流失的用户提供留存奖励。该十分位的真阳率是你对留存活动预期结果的首次估计。

图 6-1 显示模拟了一个例子的真阳率（TPR）和提升度。分类器识别出的处在前十分位数中流失者的比例是平均比例的 2.7 倍。如果你想说服利益相关者使用模型的输出结果，这将是一个很好的发现。你还可以将此提升度与通过他们当前的选择机制获得的提升度进行基准测试。

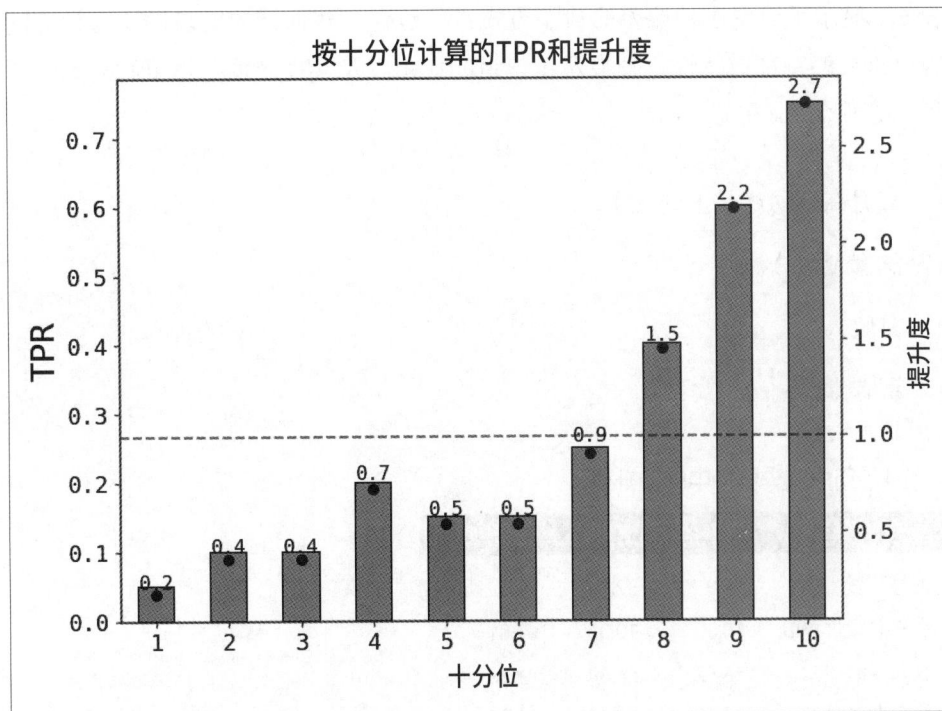

图 6-1：用户流失模型示例的 TPR 和提升度

6.3 自选择偏差和幸存者偏差

当个人选择加入某个团体时，就会产生自选择偏差这种现象。例如，可以是正式加入的团体（例如政党或团队），也可以是非正式加入的团体（例如，产品的购买者、某项功能的使用者等）。重要的是，存在一些内在特征，促使个人成为其成员。

幸存者偏差是一种反向的自选择：一些用户最终会因为他们具有的某些特征而进入你的样本（"幸存"）。一个经典的例子（*https://oreil.ly/0Y9oW*）是统计学家 Abraham Wald 分析的二战战斗机案例。由此得到的教训是，由于抽样过程存在偏差，你最终可能会得出错误的结论。

第 15 章讨论了自选择偏差对于数据科学家的意义；现在，它足以展示提升度如何帮助你快速识别这种偏差的存在。

表 6-1 显示了出现这种偏差的典型方式：行包含一些你认为对理解所选择的问题很重要的特征或特性；列显示了该组的成员以及其提升度。这里我只包含了用户的四个变量：

- 每月在公司产品上的支出。

- 满意度评分。

- 月收入。

- 留存期。

表 6-1：用户流失例子中的提升度

	活跃的	流失的	提升度
每月花费	29.9	32.7	1.1
用户满意度评分	10.00	10.08	1.01
收入（k）	46.52	54.80	1.18
留存期（月）	9.84	8.14	0.83

一般来说，特征越多，你对选择机制的理解就越深刻。例如，为什么不加上地理位置或行业细分，或者用户已经从公司购买的产品数量呢？

表格中的每个单元格都显示了活跃用户和流失用户对应特征的平均值以及提升度。例如，活跃用户和流失用户的平均支出分别为 29.9 美元和 32.7 美元。查看提升度列，很容易发现一种模式：流失用户的收入更高（提升度为 1.18，即增长 18%），支出更多（1.1），成为用户的时间更短（0.83）。用户满意度得分并不重要（提升度可以忽略不计）。这些发现的一个可能原因是，相对富裕的用户对产品的期望更高；这似乎是一款针对社会经济地位较低的群体的产品。

无论如何，你明白了：理解选择机制的一个快速而粗略的方法是构建提升表。如果特征选择正确，你可以立即了解各组的情况。

6.4 提升度的其他用途

该技术使用起来非常简单：确定指标和分组，然后计算比例。选择机制可以是任何你认为相关的东西。

例如，你可以使用第 4 章中提到的 2×2 表格并重点关注其中一个象限。提升度使用起来非常简单，可能会帮助你了解该群体内用户的驱动因素。

另一个常见用例是分析营销活动中的自选择。在没有选择偏差的情况下，你可以使用对照组来衡量活动的影响。提升度会让你快速知道是否可以继续推进原来的活动。

同样，由于不同群体的响应率存在差异，许多调查最终得出的结果也存在偏差。过去，我使用提升度将用户满意度调查的代表性检查自动化了。

6.5 关键要点

以下是本章的要点：

定义提升度

   提升度是一个群体与另一个群体的聚合指标之比。平均值是最常见的聚合方法。

机器学习中的提升度

   你可以通过展示模型相对于整体样本的预测性能来计算分类器模型的提升度。我提供了一个用户流失预测的示例，并计算了将分数按十分位数展示的真阳率的提升度。

自选择

   一般来说，提升度可用于了解样本中自选择偏差或幸存者偏差的程度。通过计算那些自己选择加入群组的用户的指标提升度，你可以轻松了解选择的驱动因素。

6.6 扩展阅读

许多经典的数据挖掘书籍都涵盖了提升度，例如，Ian Witten 等撰写的《Data Mining: Practical Machine Learning Tools and Techniques》（Morgan Kaufmann）。

更多参考资料可以在学术文章和博客中找到，例如 KDnuggets（*https://oreil. ly/KfBaL*）上由 Andy Goldschmidt 撰写的"Lift Analysis—A Data Scientist's Secret Weapon"以及 Miha Vuk 和 Tomaz Curk 的"ROC Curve, Lift Chart and Calibration Plot"（Metodoloski Zvezki 3 no.1，2006：89–108）。

第 7 章

叙述

你已经花了数周时间完成项目，现在准备展示成果了。看起来你已经快完成了，只需交付成果即可。

许多数据科学家都是这样想的，并且很少甚至根本不努力去构建令人信服的故事。正如第 1 章所讲的，要想拥有端到端的所有权，说服利益相关者根据结果采取行动至关重要。这种所有权对于创造价值至关重要；因此，你必须掌握讲故事的艺术。

有很多资源可以学习讲故事（我会在本章末尾推荐一些）。本章以这些知识为基础，但我会稍微偏离主题，重点介绍一些专注于数据科学方面的技能。

7.1 什么是叙述：用你的数据来讲故事

根据标准字典的定义，故事只是一系列相互关联的事件。这些关联构成了一个故事。我将通过以下方式来丰富这一定义：故事还应实现一个目标。

你想要实现的目标是什么？一般来说，这个目标可能是说服或吸引。当然，这些也适用于数据科学 (DS)，但最重要的是，如果想创造价值，为此你需要推动行动。一个成功的故事应该能帮助你实现这个目标。

让我们对这个问题进行逆向思考，并找出有助于我们实现这一目标的条件：

- 清晰明了的。

- 可信的。

- 难忘的。

- 可操作的。

7.1.1 清晰明了的

清晰度是一个相对的概念，会随上下文而变化，并且很大程度上取决于你的受众。机器学习（ML）实现的技术细节对于你的数据科学团队来说可能非常清楚，但对于你的业务方来说，它们通常是晦涩难懂的。确定你的受众是构建清晰故事的第一步。因此，为合适的受众选择合适的语言和语气至关重要。

DS 本质上是一门技术学科。因此，数据科学家经常会忍不住在他们的演讲中加入花哨的技术术语（甚至会附带一些方程式）。但讲故事并不只关系到你自己。如果你想要包含技术部分，最好把所有的技术材料都放在技术附录的部分中。

一个常见的误解是认为技术语言会增加你的可信度（稍后会详细介绍）。有时，这种做法会以试图证明数据科学工具包对组织来说是必要的形式出现。我的建议是权衡这种想法与可实现目标的有效沟通的好处。创造强有力的故事是和后者息息相关的。

在常规的 DS 开发过程中，运行许多测试并创建多个可视化图表是很正常的。为了试图证明他们投入的工作量，有些人会试图在演示文稿中囊括他们所能包含的所有内容，这样会分散观众的注意力并让他们不知所措。只关注关键信息，并包含强化这些信息的结果。其他所有的内容都应该删除掉。如果某些内容对你的演讲没有直接帮助，但可能仍然有用，请将其放在附录中。但尽量不要让附录杂乱无章；此部分在你的演示文稿中也有特定用途（如果没有，请删除它）。

实现适当程度的简单性需要大量的练习和努力；这本身就是一门技能。一个好的建议是开始写下你认为的关键信息，然后从演示文稿中删除其他所有内容。

反复进行以上操作直到收敛：当你删除太多信息以至于所剩的信息不够清晰的时候就停止。

此建议也适用于句子和段落。尽可能使用短句，少于 10 个单词的句子。长句和长段落在视觉上令人疲劳，因此你可以假设它们不会被阅读。一旦我有了初稿，我就会仔细检查每个句子和段落，并尽可能使它们简短明了。

清晰度应与演示方式无关。很多时候，你准备现场演示，却没有意识到部分观众（可能是 C-level 的）会在其他时间点阅读它。因此，你必须让它不言自明。

这不仅适用于文本，也适用于数据可视化。确保所有的相关轴都有标签并写出有意义的标题。如果你想在图表中突出显示某些内容，你可以添加视觉辅助工具（例如高亮，文本或框）来帮助吸引观众的注意力。

数据可视化是数据科学故事讲述的内在部分。这些原则适用于你准备的任何数据。我将在第 8 章中介绍一些数据可视化的好实践。

实现清晰的技巧

以下是实现清晰的一些关键技巧：

受众
  首先确定你的受众并保证语言和语气的一致性。

技术术语
  控制住使用技术术语的冲动。务必将技术材料放在附录中。

关注关键信息
  从一开始就明确关键信息，故事应该围绕这些信息展开。其他内容都应该删除掉。

删除干扰
  写好初稿，然后开始删除不必要的内容。这也适用于句子和段落。

7.1.2　可信的

在商业环境中，引人入胜的故事必须是可信的。不幸的是，这是一个非常微妙的属性：它需要时间来获得，但却非常容易失去。在数据展示中，有三个维度是你应该关注的：

- 数据可信度。

- 技术可信度。

- 业务可信度。

数据质量是第一个维度的核心，你应该养成在源头和开发周期中进行检查的习惯。数据科学家编写了大量代码，这是一个容易出错的行为。最糟糕的情况是，当你的代码实际运行后，结果可能不正确（逻辑错误）。根据我的经验，这种情况经常发生。最好的程序员已经将测试作为他们日常工作流程的一部分了。

此外，数据无法脱离其背景，因此你的结果在业务角度也必须是有意义的。我见过许多数据科学家因为没有检查他们的结果是否合理而失去了信誉。至少，你应该知道你正在使用的关键指标的数量级。最好能够熟记这些指标。在展示结果之前，不要忘记对结果提出质疑。

技术可信度通常由利益相关者授予。但能力越大，责任越大。数据科学家需要学会针对每个问题使用正确的工具，并掌握相关技术。举办内部系列研讨会来接受同行的挑战始终是一个好习惯。

正如第 1 章所述，向受众展示业务专业知识至关重要。你的技术交付可能无可挑剔，但如果从业务的角度来看行不通，你就会失去利益相关者的信任。我见过数据科学家一开始就对产品或业务的运作方式做出错误的假设。另一个常见的错误是对客户的行为做出令人难以置信的假设，总是问问自己，如果你是客户，你会这样做还是那样做。

实现可信的技巧

以下是实现可信的一些关键技巧：

数据的可信度
> 检查你的结果，确保它们从业务的角度来说是有意义的。

技术的可信度
> 如果可能的话，把你的技术成果展示给知识渊博的同行。

业务的可信度
> 目标是像你的股东一样了解业务。

7.1.3 难忘的

在普通的故事中，这通常是通过加入一些斗争或悬念来实现的，从而有效地使故事线变得不那么平。我从惨痛的经历中学到，这些通常不是 DS 故事的好策略。

在 DS 领域，记忆点通常由"啊哈！"时刻产生。"啊哈！"时刻通常出现在当你展示了一个意想不到的、可以创造价值的结果时。最后一部分很重要：在商业环境中，求知欲只能在短期内被记住。最好的"啊哈！"时刻是那些推动了行动的时刻。

许多作者建议通过数据和情感的正确结合来创造令人难忘的故事，确实有证据表明，比起单纯的科学证据，人类的大脑更容易回忆起令你心动的东西。我同意这个观点，但在我看来，以 TED 式的叙述和演讲为目标并不是最好的实践。你应该让它保持简单，并找到几乎总是令人难忘的可行的见解。

可操作和有些意想不到的见解的"啊哈！"时刻，是实现记忆的最佳方式。

7.1.4 可操作的

如果你已经阅读过前面的章节，那么你就不会感到惊讶，我相信这应该是你的北极星和你故事中的主角。

在开始故事之前，请确保你的项目具有可操作的见解。如果没有，请重新开始。我见过一些演示，其中展示了一些有趣的东西，但观众却在想那又怎样？

识别分析中出现的手段。一个没有可操作的见解的演讲不能有效地创造价值。

7.2 构建一个故事

上一节介绍了构建一个成功的故事所必须的一些属性，以及一些有助于确保在实践中满足这些属性的技巧。现在我将介绍构建故事的过程。

7.2.1 科学讲述

许多数据科学家认为，讲故事是独立于他们的技术专长之外甚至与技术专长无关的事情，只在交付阶段进行。我认为数据科学家应该成为科学家，并将其作为端到端工作流程的固有部分。

考虑到这一点，我提了出两种构建故事的流程：

- 首先，做好技术工作，然后再构建故事。

- 从最初的故事开始，不断发展、不断迭代，当你准备好了，再完善故事情节以便于传达。

第一种过程在数据科学中最为常见：从业者首先完成艰苦的技术工作，然后根据结果来讲故事。通常，这最终会变成一堆可能有趣或相关但缺乏故事性的发现。

相比之下，第二个过程使讲故事成为数据科学工作流程的一个组成部分（见图7-1）。在这种情况下，你从一个业务问题开始，努力理解问题，提出一些故事或假设，用数据来测试它们，经过几次迭代后，你终于准备好交付结果了。这个过程甚至可能迫使你回过头来重新定义业务问题。

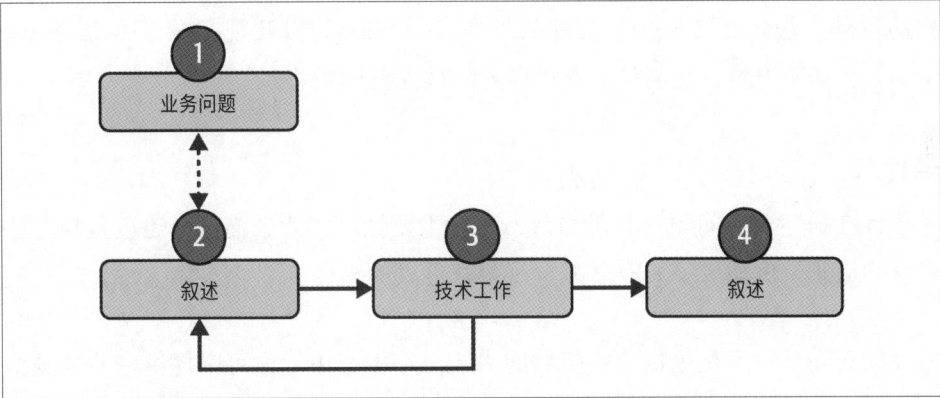

图 7-1：迭代叙述

故事的讲述出现在开始阶段（第2阶段）、中间迭代和完善假设的阶段（第3阶段）和结束阶段（第4阶段）。这些故事并不完全相同，但肯定是相互关联的。

你需要理解的是最初的故事的受众，你的业务利益相关者是最终故事的受众。如前所述，语言和语气有所不同。但重要的是，最后的关键信息是开头的关键信息衍生而来的，并通过中间的迭代过程进行了净化。

你应该在开始一个项目时就准备好一组你认为最终会传达的关键信息。这些信息可能并不完全正确，但通常情况下，如果你有足够的业务专业知识，它们与最终结果相差不会很远。通过这种方法，为你的计划创建故事的过程甚至在获取数据之前就开始了。它将在此阶段为你提供指导并帮助你进行迭代。借助这个中间阶段，你可以发现错误并找到错误（在数据质量、逻辑、编码甚至对业务的理解方面）；这通常是"啊哈！"时刻出现的地方。交付阶段的故事更换了受众并传达了最终的和精炼的信息。

7.2.2 什么，那又怎样，现在怎么办

一旦进入展示阶段，你就需要为故事设定一些结构。有些人喜欢遵循标准的讲故事方法（也称为故事弧），该方法分为三个部分：开端、冲突和解决。

虽然这可能对某些人来说是有用的，但我更喜欢另一种顺序，它能强化你推动行动：是什么（what）、那又怎样（so what）以及现在该怎么办（now what）？毫不奇怪，这与第 1 章中描述的过程密切相关。

是什么

本节旨在描述业务问题及其对当前公司的重要性。在背景描述中还应包括一些定量的信息，例如主要 KPI 和机会规模在近期的演变。

假设你正在尝试量化提供价格折扣的影响。在本节中，你可以提供一些背景信息，例如最近价格变动的频率、价格变动的范围或分布，以及对销售、留存或收入的一些高层次影响。如果有一些证据，即使是非正式的，你也可以用来强调当前竞争格局中战略的重要性。

那又怎样

本节的关键在于关注可操作性。主要结果会出现这里，包括那些产生"啊哈！"时刻的结果。

一般来说，"啊哈！"时刻有两种：

- 意想不到的结果。

- 有些预期的结果（从定性上来说），但带有意外的转折，这可能来自量化或可操作性。

我更喜欢第二种类型，因为你应该更加注重行动。如果你得到了意外的结果并制定了行动计划，那你就成功了。

回到定价示例中，降价通常会促进销售。这是预期的行为，因此显示负相关不会产生"啊哈"时刻，观众最终可能会觉得你在重新发明轮子。

但是如果你说用户对于 5.30 美元或更高的价格相对不敏感，但低于这个价格，每增加1.00美元的折扣就能增加1000件的销量，那么你就吸引了他们的注意力。信息是相似的，但量化事物会带来惊喜。此外，这是一个号召性用语，需要成为最后一节的核心。

现在怎么办

这一部分是关于接下来的步骤。为了实现这个价值，你需要公司的其他部门提供什么支持？需要哪些人参与其中？在这里，我想具体提出一些建议的下一步行动。我发现数据科学家对此可能有些犹豫，因为他们通常不是实际的决策者。

以定价为例，你很可能需要依赖市场团队来设计和传达实际的折扣策略。财务部门可能还需要批准这个计划。还应该包括其他受影响的团队。

7.3 最后的阶段

Peggy Klaus 在她的著作《The Hard Truth About Soft Skills》（Harper Business）中指出，长期成功 75% 取决于软技能，其余则取决于技术知识。我不确定这是否正确，但从整体趋势来看，我非常同意：数据科学家投入大量时间和精力来实现技术卓越，但他们的职业生涯更多地取决于那些被忽视的软技能。

在最后的阶段，是时候从科学家转变为销售人员了。我从个人经验中了解到，许多伟大的项目都是因为在这个阶段准备不足而失败的。

7.3.1 写 TL；DR

TL；DR（too long; didn't read。太长不读版）是检查你的叙述是否足够清晰简洁的好工具。它们已经成为科技公司的标准，我也养成了始终从 TL；DR 开始的习惯。

许多高管不会花太多时间关注你的工作，除非他们看到一些吸引他们注意的东西。优秀的 TL；DR 就是为了实现这一点而编写的。

7.3.2　如何撰写令人难忘的 TL；DR

有些人喜欢在撰写实际文档之前先写下 TL；DR 的初稿。这是确保 TL；DR 与你的叙述一致，并保证内容与之相符的好方法。完成后，他们会回过头来修改 TL；DR。

我更喜欢的方法是先写下叙述（有些人会在纸上画出实际的草图），然后处理内容，最后再回过头来写 TL；DR。对我来说，TL；DR 是最后才写的，我总是会先勾勒出叙述。

这两种方法听起来可能相似，但 TL；DR 实际上是叙述的一个非常精炼的版本。叙述是对事件顺序进行高层次的概述；而 TL；DR 是它的聚焦版本。

我倾向于按照与叙述相同的结构来撰写 TL；DR：是什么（What），那又怎样（So What），现在该怎么办（Now What）。与之前一样，What 部分引起读者的注意，So What 总结主要的发现和可行的行动，Now What 提出建议的下一步行动。

一个好的建议是将你的文档看作一篇新闻文章，并思考替代性的标题。在数据科学中，出色的标题必须具备我一直在谈论的相同特点：简单、可信、易记和可操作。可信度限制了你过度夸大。

最后，TL；DR 中的所有内容都应有一张幻灯片进行扩展。如果某项内容足够重要，需要将其放入 TL；DR 中，则最好提供一些附带材料。

7.3.3 示例：为本章节写 TL；DR

图 7-2 显示了你可能会遇到的典型的 TL；DR。这段内容看起来杂乱无章，显然，我试图包含工作中的每一个细节。句子很长，字体很小，足以适应页面。这绝对是不易读的。同时，它也令人难忘，但令人难忘的理由却不是我们所期望的。

TL;DR (v.0)

- The delivery stage in data science is important because it allows us to convey our key messages to our stakeholders.
  - For this we need to learn how to write powerful narratives
- The best narratives tell a story about the business problem, our findings and next steps.
  - They should also drive action: this should always be our criterion for success
- Good properties are: (i) Clear and to the point, (ii) credible, (iii) memorable and (iv) actionable
  - In this document we provide practical tips to achieve each of these properties
- There are two approaches to building narratives:
  - Do our data science work and then build a story around our findings
  - Start with a narrative, iterate and test it with the actual data, and finish by sharpening the delivery-stage narrative
- We advocate the use of the second approach: creating narratives (stories or hypotheses) should always be done before we start a project.
  - This also ensures that our final, delivery-ready narrative is a descendant from our work.
  - It also helps us in the actual work with the data, and to refine the business question.
- We can use the What, So What and Now What stages discussed in previous talks
  - What: why is the problem relevant for our company
  - So What: our main findings and actionables
  - Now What: what we need from the organization to deliver value
- Once we're done we're ready for the last mile:
  - We need to write a superb TL;DR that highlights our key findings in a memorable way
    - It should also open the door for any reader to delve deeper into the contents of our memo
  - Finally, your elevator pitch should be a very concise 2-3 mins message of your work

图 7-2：TL；DR 版本 0

在图 7-3 我运用了之前给出的一些技巧来减少混乱：简化和删减一些句子。如果我愿意的话，还可以增大字体大小。我本可以做得更多，但我意识到最好的办法是重新开始，从头开始。

图 7-4 显示了最后一次迭代的结果。从头开始让我能够专注于关键信息。你可以看到我遵循了是什么、那又怎样、现在怎么办的模式。在真正的数据科学 TL；DR 中，我会强调一些既量化又可操作的关键结果。这里唯一呼吁的行动就是实践。

TL;DR (v.1)

- The delivery stage in DS allows us to convey our key messages
  - For this we need a powerful narrative
- The best narratives tell a story about the business problem, our findings and next steps.
  - They also drive actions: our success criterion
- Good narratives are: (i) Clear and to the point, (ii) credible, (iii) memorable and (iv) actionable
  - Here we will review some practical tips to do so
- Two approaches to building narratives:
  - Do our data science work and then build a story around our findings
  - Use an iterative approach that starts and ends with a narrative
- The iterative process is preferred as it resembles the scientific method
  - Our final narrative evolves from our initial hypotheses
  - It gives direction to the actual work
  - And refines the business question if necessary
- The "What", "So What" and "Now What" stages in our workflow serve as backbone for the storytelling
  - What: business question and relevance
  - So What: actionable insights
  - Now What: practical next steps and dependencies
- Last Mile:
  - TL;DRs and elevator pitches are great tools for further sharpening of the key findings

图 7-3：TL；DR 版本 1

TL;DR Creating narratives in data science (v.2)

- Powerful narratives serve three purposes
  - Structuring of a project
  - Focus on key results from the beginning
  - Drive action

- Narratives ought to be:
  - Simple
  - Credible
  - Memorable
  - Actionable

- In this talk we provide *practical* guidance to achieve these

- Data *science* as storytelling:
  - Start with a set of hypotheses
  - Test and refine them (data)
  - Delivery-stage narrative with key messages
  - Last mile

- Like any other skill, it's now time to put in practice

图 7-4：TL；DR 版本 2

很明显，我使用的是项目符号样式。这种方法有很多反对者，但和所有事物一样，它也有其优点和缺点。缺点是，它确实限制了你的创造力（想象一下你用一张白纸能做的一切）。优点是，它迫使你以简单、清晰和有序的方式写作。我可以很快发现我的句子是否太长（如果可能的话，应避免使用长度超过两行的句子）。

正如我之前所说，我认为 TED 风格的演讲并不适合数据科学或商业环境。不过，如果你足够熟练，并且它适合你公司的文化，那就继续吧。但要点式往往在商业环境中效果很好。

7.3.4　进行有力的电梯演讲

这是我前段时间向经理做报告时学到的一个技巧：如果有人开始做报告，但很明显缺乏叙事结构，就打断他，让他给你做电梯演讲。但通常情况下，根本没有电梯演讲。

电梯演讲应该是你在电梯上偶然遇到的 CEO 的 10~20 秒的演讲。你真正想推销你的工作！但有一个问题：你只能在到达你的楼层之前这样做。到那时，你就失去了互动的机会。

这种情况只发生在我身上一两次，所以我不认为电梯演讲是字面意义上的。相反，我认为它是叙事创作工具包的一部分。好的叙事应该很容易以电梯演讲的形式总结出来。如果你做不到，很可能是因为你的故事有问题，是时候进行迭代了。

下次你开始做项目时，在你认为完成之前和之后，尝试一下电梯演讲。这是你的试金石。

7.3.5　展现你的叙述

以下是交付阶段的一些好的建议：

确保你拥有一个明确定义的叙述。

如果你遵循了迭代的方法，叙述将贯穿始终，你只需要自我约束。如果没有，建议在开始制作幻灯片或备忘录之前先勾勒出叙述。当你完成后，让别人查看你的幻灯片，并请他们给出他们自己的叙述版本。只要他们关注每张幻灯片的关键信息，叙述应该是显而易见的。如果他们无法识别出叙述，你需要重新考虑设计。不同信息之间也应该有清晰且自然的过渡。

每张幻灯片都应该有一个明确的信息。

如果某张幻灯片没有与叙述一致的明确信息，就删除它。

总是练习演讲。

这一点总是适用的，尤其是当你的听众中包括组织中的高管时（你应该希望这样）。一个良好的做法是录下自己的演讲：这不仅能帮助你管理时间，还能帮助你识别自己的小习惯和动作。

时间管理。

在演讲之前，你应该已经知道没有干扰时需要多长时间，因此最好为额外的时间做计划。同时请记住，你是演示内容的唯一主人，因此，有权（礼貌地）中断那些偏离主要信息的问题。

尽可能的量化，但不要过度。

毋庸置疑，数据科学是一个定量的领域。然而，我经常看到数据科学家以定性或方向性的术语描述他们的结果。与其说"糟糕的用户体验增加了客户流失"，不如给这个陈述加上一些数字："每增加一次连接失败，净推荐值降低 3 个百分点。"话虽如此，不要夸大你的结果：如果你处理的是估计值，通常可以将结果四舍五入为最接近的整数。

7.4 关键要点

以下是本章的要点：

数据科学中有效的叙述

有效的叙述是通过故事连接起来的一系列事件，以推动行动为目的。

好的叙述的特点

为了推动行动，叙述必须清晰、切中要点、可信、令人难忘且可操作。

科学叙述

我建议采用迭代方法来创建叙述：从业务问题开始，创建解决问题的故事或假设，用数据迭代地测试和改进它们，最后完成交付阶段的叙述。最后的叙述自然是从最初的假设发展而来的。

叙述的结构

你可能希望遵循叙述弧：开端、冲突和解决。我发现遵循一个简单且直接的故事线更为有效：是什么，那又怎样，现在怎么办。这些几乎是一对一地对应，但在数据科学中，我认为制造悬念或冲突感的价值很小。

TL；DR 和电梯演讲

这些都是实现适当简化并再次检查你是否确实有一个连贯叙述的绝佳工具。TL;DR 可能会对高层管理人员起到提示作用，因为只有当材料中有令人难忘且可操作的内容时，他们才会花时间仔细阅读材料。

熟能生巧

投入足够的时间出声练习。如果可能的话，可以录下来。

7.5 扩展阅读

关于叙述和用数据讲故事，有很多很棒的参考资料。Cole Nussbaumer Knaflic 的《Storytelling with Data》（Wiley）非常适合提高数据可视化的技术，其中有一章关于构建叙述的介绍也很不错。我在本章中没有介绍数据可视化，但对于正在创作故事的数据科学家来说，这是一项关键技能。第 8 章介绍了其中的一些技能。同样，Brent Dykes 的《Effective Data Storytelling: How to Drive Change with Data,Narrative and Visuals》（Wiley）的见解非常深刻。我发现他对数据、视觉效果和叙述之间相互作用的讨论非常有用。

Jay Sullivan 的《Simply Said: Communicating Better at Work and Beyond》（Wiley）强调了简洁在一般交流中的价值，无论书面还是非书面交流。他关于写短句（少于 10 个单词）的建议非常有效。

June Casagrande 所著的《It Was the Best of Sentences, It Was the Worst of Sentences: A Writer's Guide to Crafting Killer Sentences》（Ten Speed Press）这本书面向作家，但书中也有很多关于如何成为更好的沟通者的好建议。她强调要考虑读者（"读者为王"），这应该是构建叙述的指导原则。

如果你想从设计师的角度学习讲故事的艺术，Nancy Duarte 的《Resonate: Present Visual Stories that Transform Audiences》（John Wiley and Sons）非常棒。你还可以在 Chip Heath 和 Dan Heath 合著的《Made to Stick: Why Some Ideas Survive and Others Die》（Random House）中找到大量关于这里所涵盖的许多主题的详细信息。他们的六项原则会引起很大的共鸣：简单、出乎意料、具体、可信、情感和故事。

Peggy Klaus 的文章 "The Hard Truth About Soft Skills: Workplace Lessons Smart People Wish They'd Learned Sooner" 有力地证明了关注软技能的重要性。数据科学家早期专注于发展他们的技术专长，而忽视了所谓的软技能。事实上，你的职业生涯很大程度上取决于后者。

关于叙述的科学方法，David Grandy 和 Barry Bickmore 的文章 "Science as Storytelling"（*https://oreil.ly/3rn9-*），提供了更多关于科学方法和讲故事之间类比的细节。

第 8 章

数据可视化：选择正确的
图表来传递信息

第 7 章介绍了一些在数据科学中构建和传递强有力的叙述的良好实践。数据可
视化 (datavis) 是丰富叙述的强大工具，并且本身就是一个研究领域。因此，它
会被选为沟通工具。你应该始终问自己一个问题：这个图表是否有助于我传达
我想要传达的信息？如果答案是否定的，你应该重新开始，为你的信息找到合
适的图表。本章将介绍一些有助于你提高可视化技能的建议。

8.1 一些有用的和不太常用的数据可视化

在过去的几十年里，数据可视化领域已经发生了很大的变化。你可以在网上找
到参考资料、目录和分类标准，它们应该可以帮助你找到适合你问题的图表
类型。你可以查看 the Data Visualisation Catalogue（*https://oreil.ly/BHQ1t*）或
from Data to Viz（*https://oreil.ly/m75Ww*）。

不幸的是，许多从业者坚持使用默认的替代方案，例如折线图和条形图，这些
图经常互换使用。在本章中，我将回顾一些不太常用的，但可以使用的图表类型，
并讨论数据从业者中常见的一些陷阱。这绝不是详尽无遗的，因此在本章的最
后，我将指出一些很棒的资源，这些资源将提供该领域的更完整图景。

8.1.1 条形图和折线图

让我们从最基本的问题开始：什么时候应该使用条形图和折线图？通常的建议

是使用条形图表示分类数据，使用折线形图表示连续数据。连续数据最常见的情况是当你有时间时序列时，即以时间下标（y_t）为索引的一系列观察值。让我们来检查一下这个建议的有效性。

请记住，图表应该能帮助你传递信息。对于分类数据，例如不同客户群体中每位用户的平均收入，你可能希望突出不同群体之间的差异。此外，类别没有明显的顺序：你可能希望对它们进行排序以帮助传递信息，或者你可能只是坚持按字母顺序排列。条形图是很好的交流工具，因为它容易查看，并且条形图的高度也便于比较。

对于时间序列，通常会突出显示数据的几个属性：

- 有时间顺序的数据。

- 平均水平。

- 趋势或增长率。

- 任何曲率。

如果你关心其中任何一项，那么折线图就非常有用。

图 8-1 ～图 8-3 显示了分类数据和两个时间序列（短和长）的条形图和折线图。从分类数据开始，条形图便于比较不同群体之间的指标。另外，折线图并不适用于可视化不同群体之间的差异。这是因为线的连续性会让人误以为各群体之间以某种方式连接在一起。观察者需要付出一些额外的努力才能理解你绘制的内容，从而对你想要传达的信息有一定的影响。

查看时间序列数据时，你可能会认为条形图效果不错，至少在样本足够短的情况下是这样。一旦样本量增加，就会出现过多的杂乱信息，然后你一定会怀疑自己对图表的选择。请注意，一条线可以清晰快速地告诉你有关趋势和水平的信息，而无需额外的图形元素。稍后我将在讨论数据墨水比时对此进行详细介绍。

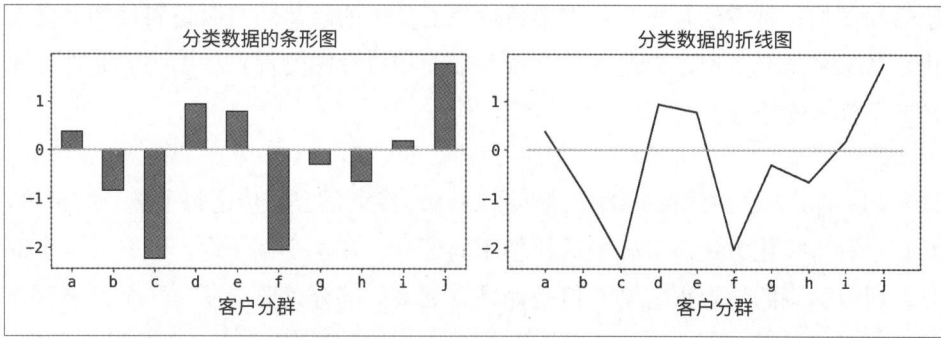

图 8-1：客户细分的条形图和折线图

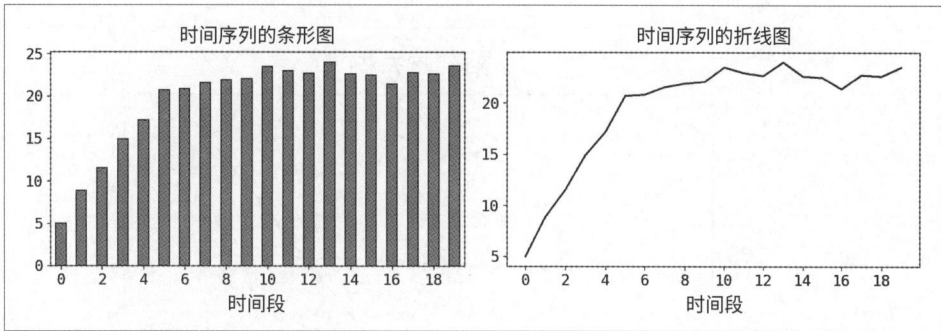

图 8-2：时间序列的条形图和折线图

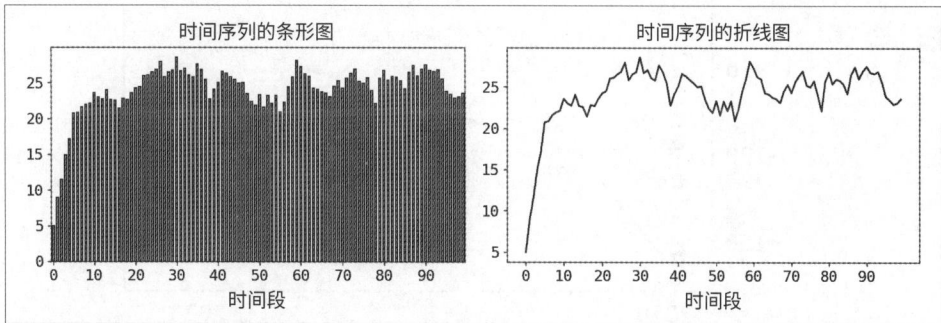

图 8-3：长时间序列的条形图和折线图

8.1.2 斜线图

我在阅读 Edward Tufte 的《The Visual Display of Quantitative Information》（Graphics Press）时了解到了斜线图，我花了一些时间才掌握它们的用处。理

解斜线图的一种方法是，当你需要传达分类数据的趋势信息时，斜线图非常有用。从某种意义上说，斜线图结合了条形图和折线图的优点，因为它允许你比较各个部分的趋势。

图 8-4 显示了一个斜线图的例子。你可以看到，线条很容易传达每个部分的趋势，并且这种可视化方式可以轻松的比较不同部分。在这个例子中，我只有五个部分，所以标签的设置很容易，但是如果有更多的部分，要绘制出一个清晰可读的图表可能会有一些挑战。尽管如此，还有其他工具可以帮助你解决这个问题，例如使用图例、不同的颜色或线条样式（例如虚线、点等）。

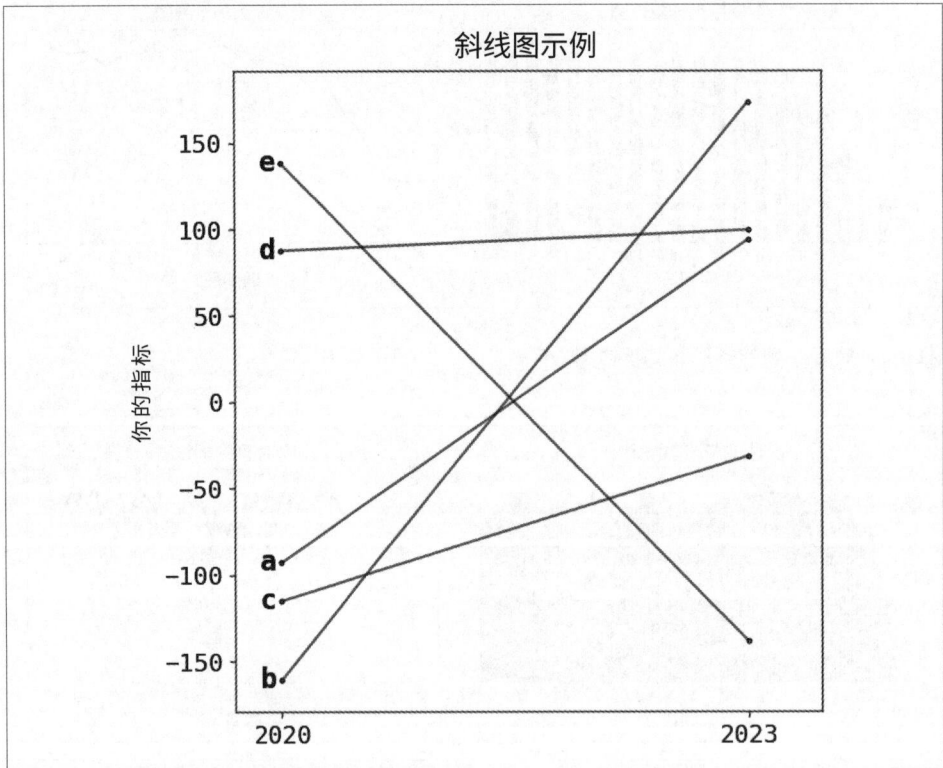

图 8-4：突出显示趋势差异的斜线图

8.1.3 瀑布图

业务利益相关者经常使用瀑布图（见图 8-5），麦肯锡也曾大力推广。这里的想法是使用细分群组或类别来分解指标的变化。因为其非常擅长绘制这些分解的输出，所以我在第 3 章中就用过瀑布图。

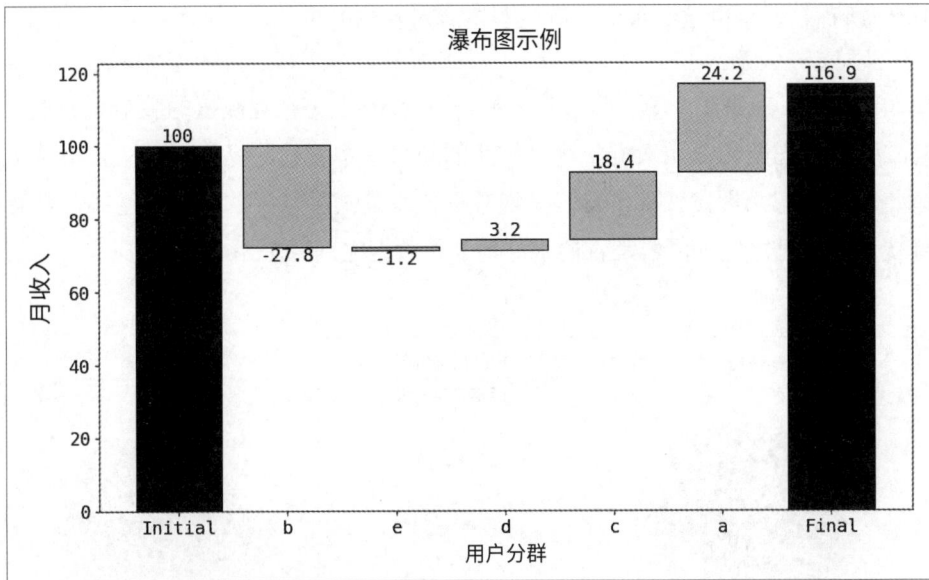

图 8-5：按客户类别划分的收入

当其中一个细分群组的尺度差异很大时，要小心，这种情况经常发生在你使用增长率并且某些类别的起始值非常小的时候。另外，请记住，当想展示的信息与分解有关时，这种类型的图非常有用。

8.1.4 平滑散点图

当你想要传达有关两个变量 X 和 Y 之间相关性的信息时，散点图非常有用。不幸的是，对于大型数据集，即使存在这种关系，也很难显示出来。

有几种处理这个问题的替代方案。最简单的方法是用你的数据的随机样本创建一个图。通常情况下，这已经足够好了，因为大多数时候你不需要完整的数据集。或者，另一种选择是使用六边形区块图（*https://oreil.ly/sf_MH*），通过对六边形区域的密度进行着色来降低维度。相同的原理也适用于等高线图（*https://oreil.ly/91Mtn*），但这需要你进行一些预处理。

另一种解决方案是使用散点图平滑器，用非线形平滑器拟合你的数据。如果存在相关关系，这个非线性函数足够通用以帮助你找到它。然而，你必须小心。数据可视化中的一个好原则是尽量不改变数据的本质（或图形完整性，正如 Tufte 所称），平滑技术可能会改变观察者对数据的感知。

图 8-6 显示了三张图：第一张散点图使用包含 1000 万个观测值的整个数据集。第二张散点图使用原始数据集中足够小的随机样本重复此操作。第三张图显示原始数据和三次散点图平滑器。呈现数据始终是一种很好的做法：这样，查看者就可以自己决定平滑器是否能很好地表示数据之间的关系。

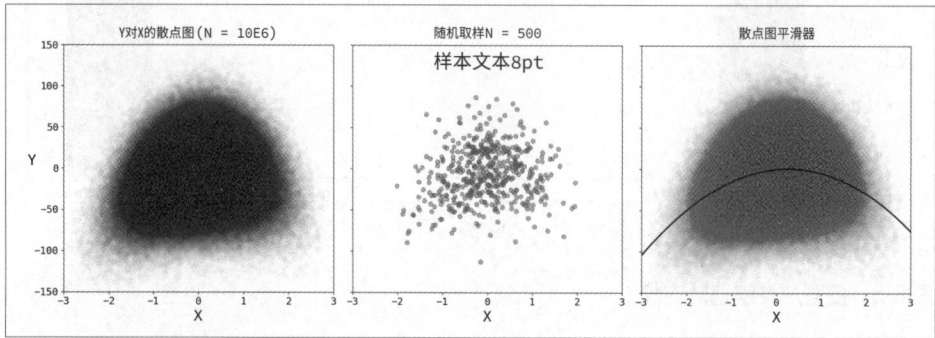

图 8-6：使用二次生成过程模拟的大型数据集的散点图

8.1.5 绘制分布

分布对于数据科学家来说至关重要，在开始项目之前绘制或打印一些指标的分位数始终是一种很好的做法。将分布呈现给利益相关者可能不太明显，因为它们很难理解，这可能会导致不必要的困惑。

直方图是绘制分布的标准方法：这些是在度量域或区间里的有顺序且互斥的子集中出现的频率。核密度估计（*https://oreil.ly/29aJ3*）（Kernel density estimation，KDE）图提供了分布的平滑估计，依赖于两个关键参数：核函数或平滑函数以及带宽。图 8-7 显示了一个直方图和一个模拟混合正态数据的高斯核密度估计。

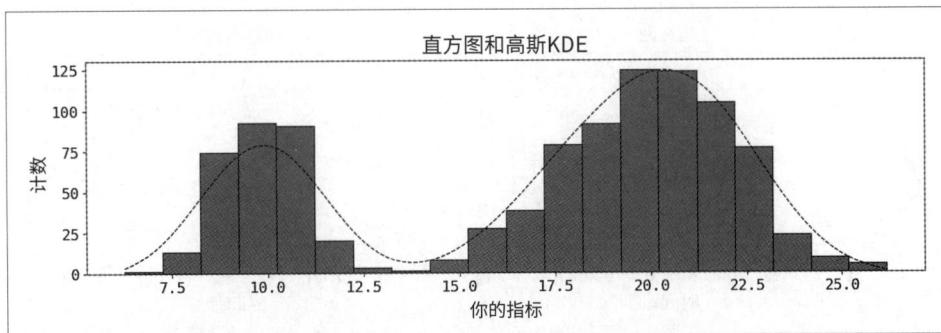

图 8-7：模拟数据的直方图和 KDE 图

> 绘制 KDE 时，要小心尺度。KDE 是底层分布的平滑估计，确保它
> 积分为 1，从而使尺度变得无意义。绘制 KDE 时，我通常会删除纵
> 轴标签，因为它们可能会造成混淆。在图 8-7，我重新调整了轴的比
> 例，使其与直方图中的轴进行比较。

对于利益相关者，我很少使用直方图或 KDE，因为它们通常包含的信息比传递
信息所需的信息要多。大多数时候，你只需要几个分位数，这些分位数可以用
其他可视化方式呈现，比如标准箱线图（*https://oreil.ly/mTEfe*）。有一种例外
情况是，当我想强调分布中与我想表达的信息相关的一些内容时。一种典型的
用例是，当我想表明在指标中存在一些异常行为的内容时，例如在欺诈预防中。

如果要凸出显示分布的变化，可以使用箱线图。一个典型的场景是，当你想要
显示销售或客户的质量发生了变化时，比如说平均票价随着时间的推移而提高。
由于样本平均值对异常值很敏感，你希望显示什么导致了这种变化。

图 8-8 显示了绘制这些变化的两种替代方法。左侧的图显示了标准箱线图，右
侧我决定使用折线图来绘制最小值和最大值以及 25%、50% 和 75% 分位数。
箱线图包含的信息比想要传达的信息多得多，因此我决定进行两项更改：

- 仅提供绝对必要的数据（分位数）。

- 根据章节开头的建议使用折线图。

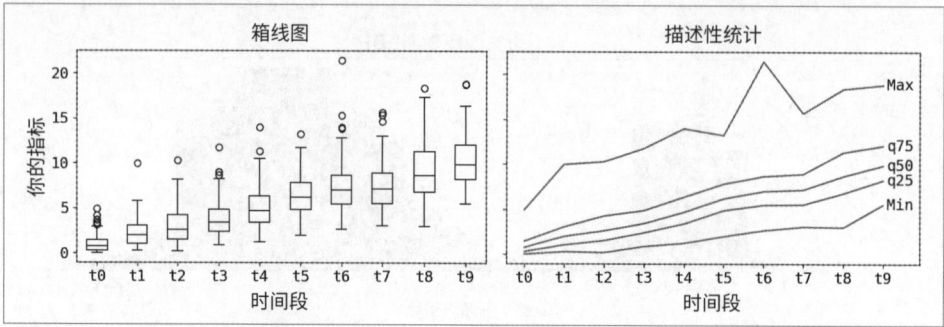

图 8-8：绘制分布变化的两种方法

8.2 一般建议

在了解了数据可视化中的一些常见问题之后，让我们直接了解一些有关良好设计和执行的一般建议。

8.2.1 为你想传达的信息找到正确的图表

你所选择的图表类型可能会改变受众对数据的感知方式，因此你最好找到真正有助于传达信息的图表类型。例如，你想比较不同类别的数量吗？时间变化？比例？不确定？你可以在网上找到一些资源来指导你，具体取决于你想要传达的内容。例如，*The Data Visualisation Catalogue*（*https://oreil.ly/_S7G-*）根据"你想要展示的内容"显示不同类型的图表。

我再怎么强调也不为过，重要的是想要表达的信息。因此，我总是建议在决定最终输出之前尝试几个不同的图表。这需要更长的时间，但最后一步至关重要。图 8-9 显示了我在准备本章时放弃的一个图表。尝试同时使用箱线图和折线图似乎是一个好主意，但传递的信息对我所想表达的信息没有帮助（太混乱了）。

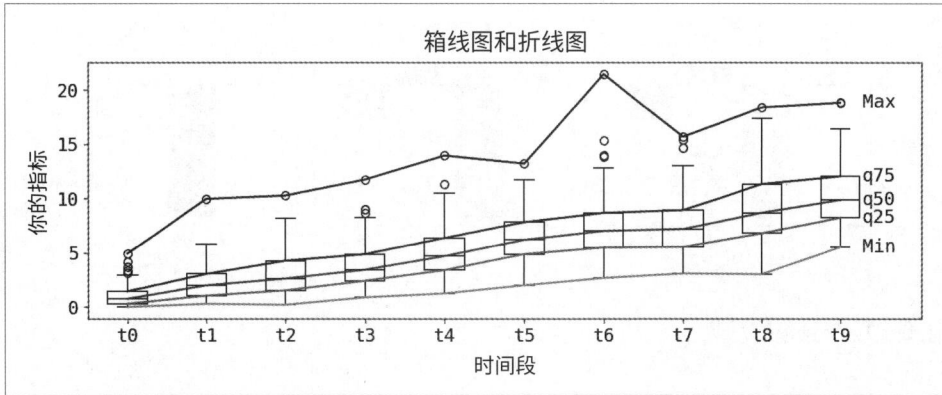

图 8-9：对信息没有帮助的图表

8.2.2 明智的选择颜色

一个常见的错误是将颜色视为图表的装饰性特征。在营销环境中，这可能是正确的，但在数据可视化中，必须明智地选择颜色来传达信息。

常见的场景是条形图：你有一个跨类别的指标，并且你想要展示关于一个或多个部分的有趣见解。一个好的建议是为所有条形选择同一种颜色。我见过许多数据科学的演示，演讲者认为如果每个条形都有不同的颜色，图表看起来会很棒。退一步想想你的观众：他们会认为你非常擅长搭配颜色吗？这是可能的，但很多人实际上认为不同的颜色代表你想要突出显示的第三个变量。在这种情况下，颜色传达的信息与横轴上的标签完全相同，最好只选择一种颜色。

图 8-10 显示了三个示例：第一个图突出显示了你要避免的内容，因为你的各部分的标签和颜色代表相同的维度。中间的图去掉了这种冗余信息。第三个图显示了一个示例，其中颜色有助于你传递一个信息：你希望你的观众关注表现糟糕的 b 部分。如果颜色不够用，你可以添加其他文本注释。

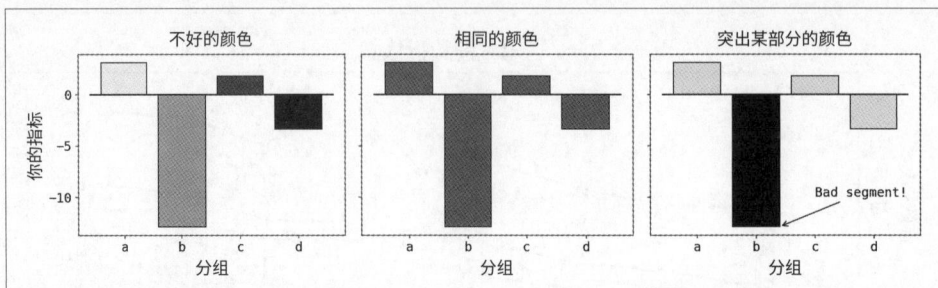

图 8-10：带颜色的示例

8.2.3 图表中的不同维度

上面的例子可以推广到其他类型的装饰性特征，例如不同的标记类型或线条样式。同样的原则也适用：如果它传达了冗余信息并且可能会让观众感到困惑，则只使用一种这样的特征。

也就是说，如果有对你想表达的内容来说很重要的附加信息，你可以使用这些额外的功能。最好的例子是气泡图：这类似于散点图，你想在其中说明两个变量 X 和 Y 之间的关系，并且还包括第三个变量 Z，由圆形标记或气泡的直径表示。示例如图 8-11 所示。

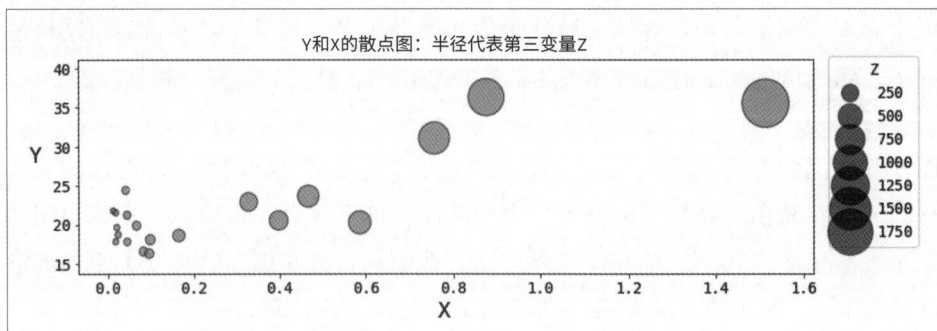

图 8-11：气泡图的第三维

8.2.4 争取足够大的数据墨水比率

当讨论图 8-3 中的条形图时，我提到应避免过于杂乱；条形图本身只是提供了一些冗余的信息。Edward Tufte 通过数据墨水比的概念对这种直觉进行了明确化。他将数据墨水定义为"图形中不可删除的核心部分"。数据墨水比是数据墨水与图形中总墨水的比率。当你在绘图中包含非信息性的特征时，就会降低这个比率；相反地，如果你真的只专注于呈现数据而没有其他的东西，那么你会对此进行改进。

虽然 Tufte 支持最大化该比率的想法，但我认为数据墨水比更像是一颗北极星，而不是一成不变的法则，而且确实有一些视觉感知研究与 Tufte 的建议相矛盾。[注1] 例如，添加额外的信息来向观众强调一些东西，就像在图 8-10 的最右侧的图，这会增加比例，因此是一种不好的做法。你可以自行判断，但我发现这有助于帮助观众将注意力集中在有助于表达我的观点的细节上。

8.2.5 定制与半自动化相比

在典型情况下，数据科学家会使用可视化工具来提高他们的工作效率。这些半自动化工具可以缩短图表的交付时间，但通常提供很少的自定义空间。应尽量使用灵活的工具，让你轻松自定义图表。

> 我倾向于支持自定义。使用 Python 的 Matplotlib 等足够通用的工具（允许高度自定义）回到基础层面，会提高你正确创建图表的能力。学习曲线在开始时可能很陡峭，但一段时间后，你将能够创建几乎任何你想象的图表，而无需付出大量努力。

8.2.6 从一开始就确定正确的字体大小

这听起来似乎很简单，但这是我在数据科学演示中经常看到的错误。为图表选择足够大的字体大小，并始终检查每个标签是否可读。并且始终为纵轴和横轴添加标题和标签。旨在设计不言自明且可读的图表。

注 1： 例如，可以参考 McGurgan 等在 Proceedings of the 16th International Joint Conference on Computer Vision, Imaging and Computer Graphics Theory and Applications (VISIGRAPP) 上发表的论文《Graph Design: The Data-Ink Ratio and Expert Users》(2021 年，第 3 卷，188-194 页）。

使用 Python 的 Matplotlib 时的一个好做法是自定义 rcParams（*https://oreil.ly/m4rz3*）。例如，为了确保我的默认字体大小始终足够大，我总是在导入必要的模块后，在笔记本或脚本的顶部包含以下内容：

```
#set plotting parameters from the beginning
font = {'family' : 'monospace',
        'weight' : 'normal',
        'size'   : 14}
axes = { 'titlesize' : 22,
         'labelsize' : 20}
figure = {'figsize':(10,4),
          'autolayout':True}
matplotlib.rc('font',**font)
matplotlib.rc('axes',**axes)
matplotlib.rc('figure',**figure)
```

如果你认为这些新的默认参数不适用于特定图表，只需为该图表覆盖它们即可。

8.2.7 交互的或者静态的

交互式图表已经获得了相当多的欢迎，首先是 JavaScript 库的发展，例如 D3.js（*https://d3js.org*），现在它们已在 Python 和 R 中可用。在 Python 中，你可以找到几个工具来使你的图表具有交互性，其中最受欢迎的是 Ploty（*https://plotly.com*），Seaborn（*https://oreil.ly/CsVh7*），以及 Altair（*https://oreil.ly/zWKfz*）等。

在静态图表中，例如本章中的图表，与观众的沟通是单向的（从创作者到观众）。在许多情况下，这并不是最佳选择，因为观众无法自己检查数据。交互式图表有助于弥补这一差距。

然而，对于大多数常见用例来说，它们只是一种过度使用。这里的建议是，只在建议受众检查数据时使用它们。否则，请坚持使用具有明确信息的静态图。

8.2.8 保持简单

在第 7 章，我主张创建简单的叙述，这对于数据可视化尤其如此。你的目标是传递信息，而复杂的图表会让你的观众产生不必要地难以理解。此外，如果你正在进行现场演示，你很可能会遇到一些问题，这些问题会分散你对主要信息的注意力。

8.2.9 从解释图表开始

一个常见的错误是假设观众理解了图表，然后直接开始解释从中得出的主要见解。这就是为什么你应该从阐述图表开始：清楚地说明纵轴和横轴上的内容，并选择图表的一部分（例如标记、线条或条形图）并进行解释。一旦你确保图表表达清晰，你就可以传达你的信息了。

8.3 关键要点

以下是本章的要点：

数据可视化的目的

　　可视化应该有助于你传达信息。在呈现图表之前，请确保有信息要传达；否则，就放弃使用图表。

图表的类型

　　选择最适合你表达的图表类型。条形图非常适合比较不同类别的指标。如果你的指标是连续的或用于显示时间序列，则折线图更适合。了解不同图表之间的差异，并进行明智选择。

一般建议

　　力求简单直观，避免混乱。明智地选择颜色，并始终通过调整字体大小来确保图表清晰易读。确保横纵轴都已标注且标注有意义。如果单位不直观，请添加单位。除非绝对必要，否则请避免使用交互式图表。

8.4 扩展阅读

数据可视化领域引用最多的参考文献之一是 Edward Tufte 所著的《The Visual Display of Quantitative Information》（Graphics Press）。在众多主题中，他详

细讨论了数据墨水比。Tufte 与 John Tukey 和 William Cleveland 一起被认为是该领域的基础专家之一。

数据可视化爱好者的另一本必读参考书是 Leland Wilkinson 的《The Grammar of Graphics》（Springer）。R 中流行的 ggplot 库就是受 Wilkinson 思想的启发，它对数据可视化行业以及其他广泛使用的可视化库和工具产生了深远的影响。

关于可视化的历史纪录可以在 "A Brief History of Data Visualization"（*https://oreil.ly/DcoGO*）中找到，作者 Michael Friendly，发表于《Handbook of Data Visualization》（Springer）。

关于这个主题有很多很棒的现代参考资料。我强烈推荐 Claus Wilke 的《Fundamentals of Data Visualization: A Primer on Making Informative and Compelling Figures》（O'Reilly）。

Jake VanderPlas 的《Python Data Science Handbook》（O'Reilly）有一些很好的例子了解这里讨论的主题，并帮助你理解 Matplotlib 的一些复杂性。他的所有代码都在 GitHub（*https://oreil.ly/Y698n*）中。

Kennedy Elliott 的 "39 Studies About Human Perception in 30 Minutes"（*https://oreil.ly/aneqb*）回顾了一些关于不同图表如何改变人对一个物体的感知以及它们传达不同信息的相对效率的证据。

## 第二部分

机器学习

第 9 章

模拟法和自助法

数据科学家工具包中不同技术的应用在很大程度上取决于你正在处理的数据的性质。观察数据出现在任何公司的正常的、日常的、照常的互动中。相反，实验数据是在精心设计的实验条件下产生的，例如当你进行 A/B 测试时。这种类型的数据最常用于推断因果关系或估计操控的影响（第 15 章）。

第三种类型是模拟或合成的数据，不太为人所知，当人们重新创建数据生成过程 (DGP) 时就会出现这种情况。这可以通过对其做出强有力的假设或通过在数据集上训练生成模型来实现。在本章中，我将仅讨论前一种类型，但如果你对后者感兴趣，我会在本章末尾推荐一些参考资料。

出于以下原因，模拟对于数据科学家来说是一个很好的工具：

理解算法

　　没有一种算法可以适用于所有数据集。模拟可以让你找出 DGP 的不同方面，并了解算法对变化的敏感性。通常通过蒙特卡罗（MC）模拟来实现。

自助法

　　很多时候，你需要估算估计值的精度，而无需做出简化计算的分布假设。在这种情况下，自助法是一种可以帮助你的模拟方法。

操控优化

在某些情况下，你需要模拟系统以了解和优化某些操控的影响。本章不讨论此主题，但在最后提供了一些参考资料。

在深入研究这些主题之前，让我们先了解一下模拟的基础知识。

9.1 基本的模拟

数据生成过程（DGP）清楚地说明了模拟数据集中输入、噪声和输出之间的关系。以下面这个 DGP 为例：

$$y = \alpha_0 + \alpha_1 x_1 + \alpha_2 x_2 + \in$$
$$x_1, x_2 \sim N(\mathbf{0}, \Sigma)$$
$$\in \sim N(0, \sigma^2)$$

这表示数据集由一个结果（y）和两个特征（x_1、x_2）组成。结果是特征和噪声的线性函数。模拟数据集所需的所有信息都包括在内，因此 DGP 已完全指定。

要创建数据，请按照下列步骤操作：

1. 设置一些参数。选择 α_0、α_1、α_2、2×2 协方差矩阵 Σ 以及残差或纯噪声方差 σ^2 的值。

2. 从分布中抽取数据。在这里，我假设特征服从均值为零的多元正态分布，而残差则独立地服从均值为零的正态分布中抽取。

3. 计算结果。当所有输入数据都被抽取完毕后，你可以计算出结果 y。

第二步是模拟的核心，所以让我们先讨论这个。计算机无法模拟真正的随机数。但是有办法从具有一些期望的理想特性的分布中生成伪随机抽样。在 Python 中，random（*https://oreil.ly/rDWrf*）模块包含了几个可以轻松使用的伪随机数生成器。

尽管如此，让我们退后一步，试着理解这些伪随机数生成器是如何工作的。我现在将描述逆变换抽样方法。

假设你能够抽取一个均匀随机数 $u \sim U(0, 1)$，并且你想从具有已知累积分布函数（CDF）为 $F(x) = \text{Prob}(X \leqslant x)$ 的分布中抽取。重要的是，你还可以计算 CDF 的逆。步骤如下（见图 9-1）：

1. 生成 K 个独立抽样 $u_k \sim U(0, 1)$。

2. 对于每个 u_k 查找 $x_k = F^{-1}(u_k)$：后者是从所需分布中独立抽取的。

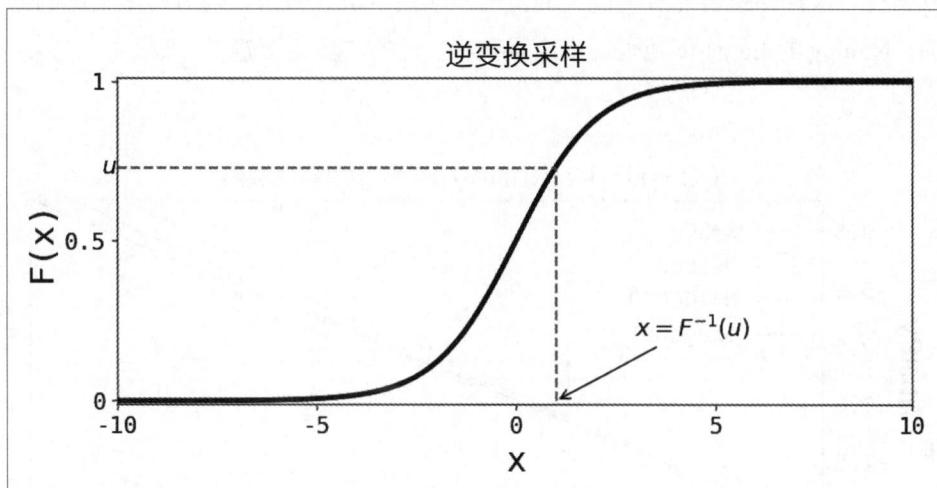

图 9-1：逆变换采样

下面的代码片段展示了如何计算逻辑随机变量的逆 CDF。将每个均匀随机数（*https://oreil.ly/yPHM6*）作为参数传入，然后只需要计算给定一些位置和尺度参数的 CDF 的逆即可：

```
def logistic_cdf_inverse(y, mu, sigma):
    """
    Return the inverse of the CDF of a logistic random variable
    Inputs:
        y: float: number between 0 and 1
        mu: location parameter
        sigma: scale parameter
```

```
Returns:
    x: the inverse of F(y;mu,sigma)
"""
inverse_cdf = mu + sigma*np.log(y/(1-y))
return inverse_cdf
```

图 9-2 展示了一个 Q-Q 图，用于比较 Numpy 的 Logistic 随机数生成器（*https://oreil.ly/nnt5k*）和我自己使用刚刚描述的逆变换抽样实现的生成器在三种不同样本大小下的表现。Q-Q 图可以直观地检查两个分布是否相似。通过在横轴和纵轴上比较相应的分位数，我们可以判断两个分布是否相等：相等的分布应该具有相同的分位数，从而在图上呈现出 45 度对角线（虚线）。因此，我们需要寻找与这种理想情况有所偏离的情况。从图中可以看出，随着样本大小的增加，Numpy 的 Logistic 随机数生成器和我自己的实现逐渐趋于一致。

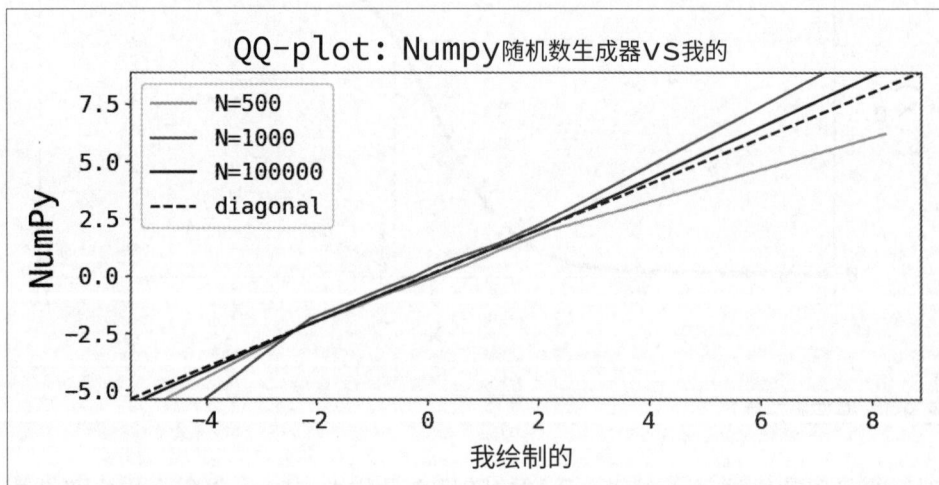

图 9-2：Numpy 和我自己针对不同样本大小的 Logistic 随机变量生成器

最后一条重要信息与随机数生成器的种子有关。伪随机数是通过 $x_t = f(x_{t-1}, \cdots, x_{t-k}, x_0)$ 这样的动态过程生成的。种子是序列的初始值，因此给定过程（及其参数），你始终可以复制生成整个序列。实际上，种子用于复制。在本章的代码中，你会看到我总是设置一个种子，以确保再次运行代码时结果不会改变。

9.2 模拟线性模型和线性回归

机器学习（ML）中仍然有用的最简单的模拟是线性模型。我现在将模拟以下模型：

$$y = 2 + 3.5x_1 - 5x_2 + \in$$
$$x_1, x_2 \sim N(\mathbf{0}, \mathbf{diag(3, 10)})$$
$$\in \sim N(0, 1)$$

请注意，这些特征是从正态分布中独立抽取的（协方差矩阵是对角的，粗体表示向量或矩阵），并且残差遵循标准正态分布。

现在你可以运行 MC 模拟了。典型的模拟包括以下步骤：

1. 固定参数、种子和样本大小（N）。这确保可以执行一次 MC 实验。

2. 明确你想要实现的目标。通常，你希望测试 ML 算法相对于真实 DGP 的性能，例如通过计算偏差。

3. 固定模拟次数（M），估计并保存参数。对于每个实验，模拟并训练模型，并计算上一步中定义的指标。对于偏差的情况，会是这样的：

$$\text{Bias}(\theta, \hat{\theta}) = E(\hat{\theta}) - \theta$$

其中 θ 是感兴趣的真实参数（在步骤 1 中设置），$\hat{\theta}$ 是来自 ML 模型的估计值，期望通常用 M 次模拟的样本平均值代替。

图 9-3 展示了基于之前定义和参数化的线性模型进行的三百次 MC 模拟的实验结果。每次实验的估计参数都被保存下来，图中展示了样本均值和 95% 置信区间，以及真实参数。通过在 M 次实验中找到 2.5% 和 97.5% 分位数，直接从模拟结果计算得出了 95% 置信区间。

这是一个纯粹的模拟，其中满足普通最小二乘法（OLS）的所有假设，因此线性回归在估计真实参数方面表现出色也就不足为奇了。

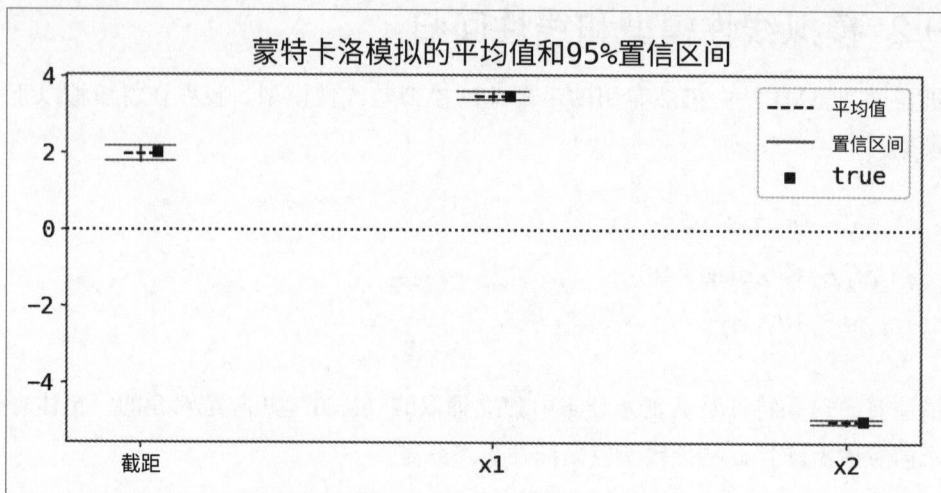

图 9-3：线性回归的 MC 实验结果

现在我已经使用 MC 模拟来验证 OLS 估计是否无偏，我将尝试一些更有趣的事情。当信噪比发生变化时会发生什么？

直观地讲，信噪比（SNR）衡量的是模型提供的信息量（信号）相对于模型中未解释部分提供的信息量（噪声）的大小。一般来说，包含的信息特征越多，预测模型的 SNR 就越高。

使用第一次模拟作为基线，可以通过改变残差方差 σ^2 并保持特征方差固定来直接改变 SNR。图 9-4 绘制了新的 MC 模拟结果，其参数与之前相同，只是残差方差增大了一千倍。

你可以直观地验证 OLS 仍然保持无偏，即估计值的平均值非常接近真实参数。但由于 SNR 较低，估计值现在不太精确（置信区间较大）。这是 SNR 不够高时的典型表现。

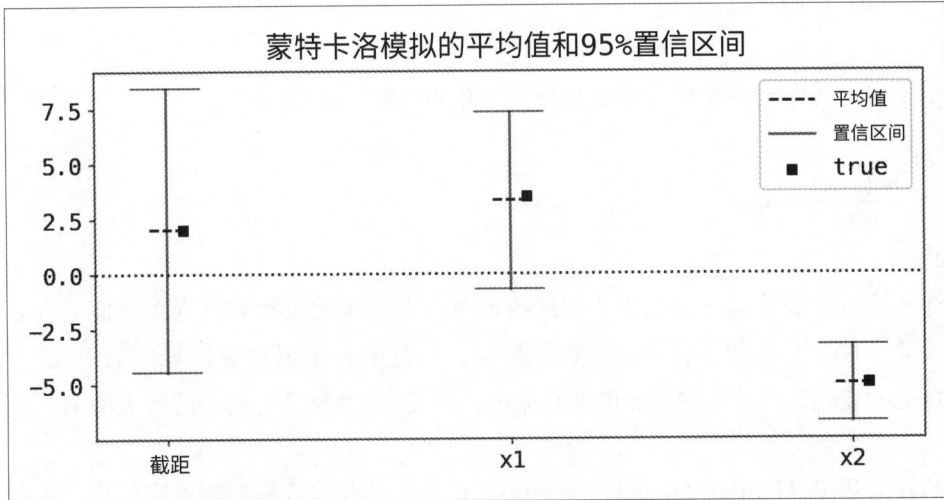

图 9-4：线性回归并降低 SNR

信噪比的相关性

信噪比是一个非常有用的概念，所有的数据科学家都应该熟悉它。不久前，我正在评估一款新产品（B）对公司收入增长的影响。这一点尤为重要，因为产品 B 可能会与旧产品（A）相互竞争，也就是说，客户使用 B 并没有带来更多的收入，而是用 B 替代了 A 的使用，从而整体收入保持不变。

这个项目令人沮丧，因为我的团队已经尝试过对产品所产生的收入增量进行估计，并得到了不一致的结果（有时是积极的，有时是微不足道的）。我决定使用第 15 章中的一种技术，结果发现效果是积极的，但在统计上不显著。原因就是 SNR：与来自 A 的收入的自然变化相比，来自产品 B 的收入仍然非常低。了解到这一点让人沮丧：即使存在增量效应，除非 B 的规模增长更快，否则你将无法发现它！如果我早些时候就明白这一点，就可以节省很多时间、精力和组织上的挫折。

9.3 什么是部分依赖图

尽管线性回归的预测性能不佳，但从可解释性的角度来看，它仍然很棒。为了说明这一点，我们来看看之前使用的简单线性模型：

$$y = \alpha_0 + \alpha_1 x_1 + \alpha_2 x_2 + \in$$

由于假设残差均值为零，计算条件期望和偏导数，可得到：

$$\frac{\partial E(y \mid \mathbf{X})}{\partial x_k} = \alpha_k$$

这表明每个参数都可以解释为相应特征对预期结果的边际效应（以其他所有条件为条件）。换句话说：在线性世界中，特征的一个单位变化与结果中 α_k 个单位的变化相关。从讲故事的角度来看，这使得 OLS 具有潜在的巨大潜力。

部分依赖图（Partial dependence plots，PDP）是非线性模型的对应部分，例如随机森林或梯度提升回归：

$$y = f(x_1, x_2)$$

你可以按照以下步骤轻松计算特征 j 的 PDP：[注1]

1. 训练模型。利用训练样本训练模型，并保存模型对象。

2. 计算特征的均值。计算 K 个特征的均值 $\bar{x} = (\bar{x}_1, \cdots, \bar{x}_K)$。由于是随机抽样，所以使用测试样本还是训练样本都无所谓。

3. 为第 j 个特征 x_j 创建一个线性网格。固定网格大小 G，并将网格创建为 $\mathrm{grid}(x_j) = (x_{0j}, x_{1j}, \cdots, x_{Gj})$，其中索引 0 和 G 用于表示样本中特征的最小值和最大值。[注2]

4. 计算均值网格矩阵。矩阵 $\overline{\mathbf{X}}_j$ 在相应的列中为 x_j 的线性网格，其他地方为其他特征均值：

注1：　虽然我发现这种方法很直观，但它并不是计算 PDP 的标准方法。第 13 章中我将深入讨论这个问题。

注2：　或者，你可以修剪异常值并将极值设置为某些选定的分位数。这个库（*https://oreil.ly/dshp-repo*）允许进行此设置，这在应用程序中非常有用。

$$\overline{\mathbf{X}}_j = \begin{pmatrix} \bar{x}_1 & \bar{x}_2 & \cdots & x_{0j} & \cdots & \bar{x}_K \\ \bar{x}_1 & \bar{x}_2 & \cdots & x_{1j} & \cdots & \bar{x}_K \\ \vdots & \vdots & \ddots & \vdots & & \vdots \\ \bar{x}_1 & \bar{x}_2 & \cdots & x_{Gj} & \cdots & \bar{x}_K \end{pmatrix}_{G \times K}$$

5. 进行预测。使用训练好的模型，使用均值网格矩阵进行预测。这将为你提供特征 j 的 PDP：

$$PDP(x_j) = \hat{f}(\overline{\mathbf{X}}_j)$$

请注意，偏导数和部分依赖图回答了一个非常相似的问题：当只允许一个特征变化时，预测结果会发生什么变化？对于非线性函数，你需要将其他所有值固定在某个值上（标准做法是样本均值，但你也可以选择其他值）。偏导数关注变化，而 PDP 则在允许变化的特征的情况下绘制整个预测结果。

我向你展示的伪代码对于连续特征非常有效。对于分类特征，你需要小心使用"网格"：不要创建线性网格，而只需创建一个可能值的数组，例如虚拟变量的 0,1。其他一切都相同，但条形图在这里更有意义，如第 8 章所述。

我现在将使用我模拟的第一个模型来比较线性回归和 scikit-learn 的梯度提升回归（*https://oreil.ly/UNDoi*）（GBR）和随机森林回归（*https://oreil.ly/fFCoh*）（RFR）的结果。这是一个很有用的基准：非线性算法在识别非线性方面有望更强大，但当真正的底层模型是线性时，它们是否依旧很好用？

图 9-5 使用最大深度等于 1 的参数绘制 GBR 和 RFR 的真实斜率以及估计的 PDP，该参数控制两种算法中每棵树的最大高度。这并非一个不合理的选择，因为模型在参数和特征上是线性的；单棵树无法学习 DGP，但这种限制对于集成模型来说不那么重要。所有其他元参数都固定为 scikit-learn 的默认值。

有趣的是，开箱即用的 GBR 在恢复这两个特征的真实参数方面做得非常出色。RFR 对 x_2 做得不错，但对 x_1 做得不好。

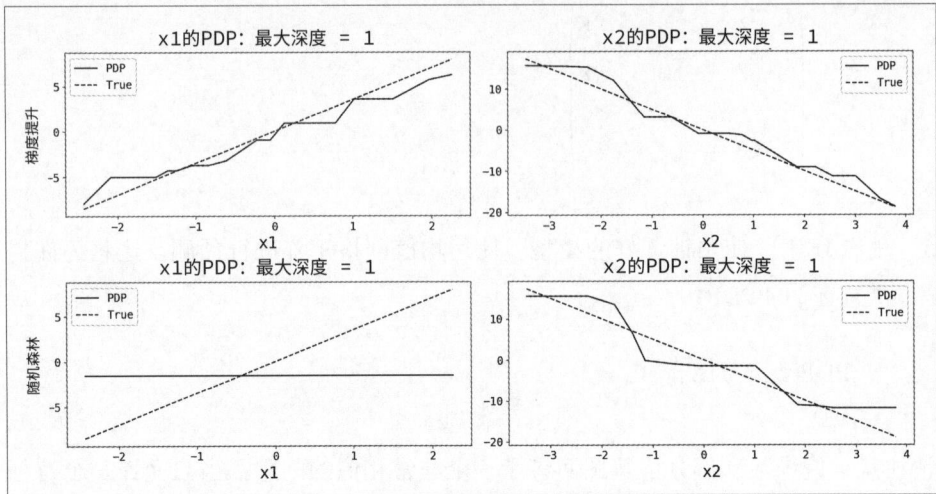

图 9-5：GBR 和 RFR 回归的 PDP（最大深度 = 1）

图 9-6 显示最大深度等于 7 且其他所有值均设置为默认值时的结果。GBR 再次表现良好，并且通过允许额外的非线性，RFR 也能够估计真实参数。有趣的是，当最大深度 ⩾ 3 时，x_1 的 PDP 开始回归正确 [本章的结果在代码库中（*https://oreil.ly/dshp-repo*）]。这里发生了什么？

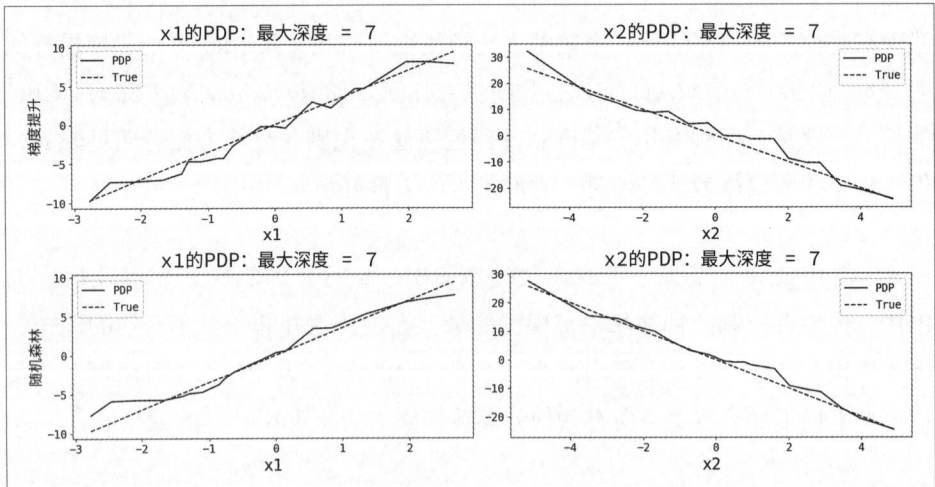

图 9-6：GB 和 RF 回归的 PDP（最大深度 = 7）

这个模拟有两个参数，它们同时给予第二个特征 x_2 更大的权重：它来自方差更大的正态分布（$\sigma_{22} = 10 > 3 = \sigma_{11}$），对应参数的绝对值也更大值。这意味着 x_2 的一个标准差变化相比于 x_1 的相应变化对 y 的影响更大。结果是 RFR 倾向于在每棵树的第一次也是唯一一次分裂中更频繁地选择第二个特征。

图 9-7 显示了当我切换模拟特征的方差且其他所有因素保持不变时的结果。你可以看到，RFR 现在在估计第一个特征的真实效果方面做得更好，而对第二个特征的估计相对较差（但不像以前那么糟糕）。由于参数没有改变，只是从绘制的分布中改变了方差，所以在集成模型的每棵树的初始分割中，x_2 仍然具有足够的权重，因此算法能够捕捉到真实效应的一部分。

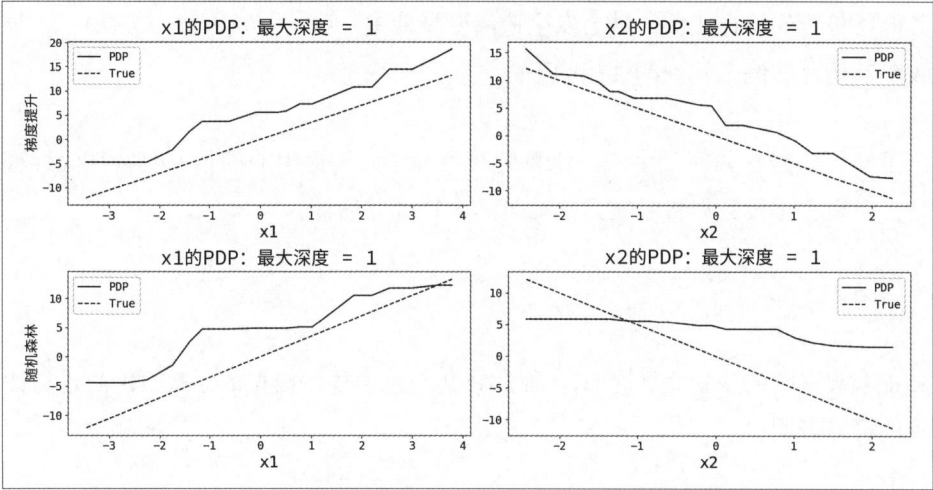

图 9-7：特征方差切换时的 PDP（最大深度 = 1）

你可能想知道是否有另一个元参数可以优化以减少此 RFR 估计中的偏差。如前所述，问题似乎是 x_2 被赋予了更多权重，因此它最终被选为树中的第一个分割（如果最大深度增加，则被选为任何进一步的分割）。有种方法是更改默认参数 max_features，该参数设定每次分割时允许参与竞争的随机选择的特征的数量。默认值是特征总数（本例中为 2），因此 x_1 总是输。但是如果你将其更改为一个特征，由于选择的随机性，你有时会迫使集成模型让它自由的通过。图 9-8 显示了进行此更改的结果。

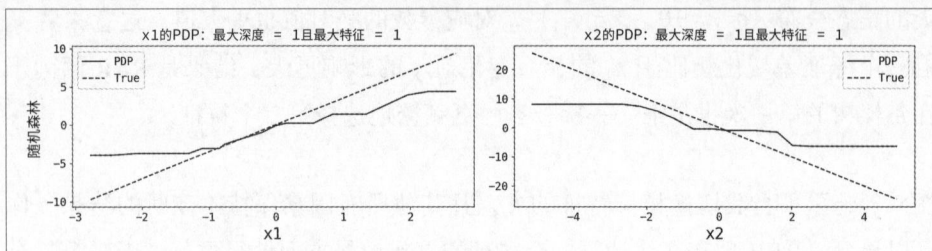

图 9-8：随机森林 PDP（最大深度 = 1 且最大特征 = 1）

9.4 遗漏变量偏差

在线性回归中，如果数据科学家未能包含一个必须包含的特征，并且该特征与其他已包含的特征相关，就会发生遗漏变量偏差（*https://oreil.ly/IqzUA*），导致参数估计的偏差和预测性能的下降。

为了解释偏差是如何产生的，让我们回到本章开头提出的简单的双特征线性模型，但现在假设数据科学家只包括第一个特征并估计：

$$y = \beta_0 + \beta_1 x_1 + \eta$$

真正未观察到的变量系数是 α_1，因此将其与错误规范模型的系数（β_1）进行比较，可以表明：

$$\beta_1 = \alpha_1 + \underbrace{\alpha_2 \frac{\mathrm{Cov}(x_1, x_2)}{\mathrm{Var}(x_1)}}_{\text{Bias}}$$

因此，当两个特征不相关时，就会存在偏差。此外，偏差的符号取决于 $\alpha_2 \times \mathrm{Cov}(x_1, x_2)$ 的符号。

让我们首先模拟与之前相同的 DGP，但不包括 x_2。我将对相关系数网格执行此操作，因为这些系数被限制在 $[-1,1]$ 区间内，因此更容易处理。真实参数是 $\alpha_2 = -5$，因此偏差的符号将与相关性的符号相反：

$$Sgn(Bias) = -Sgn(Cov(x_1, x_2))$$

为了模拟 $x_1, x_2 \sim N(\mathbf{0}, \Sigma(\rho))$，你可以通过单位方差来简化参数化：

$$\Sigma(\rho) = \begin{pmatrix} 1 & \rho \\ \rho & 1 \end{pmatrix}$$

运行模拟的步骤如下：

1. 从网格中固定一个相关参数 ρ。

2. 用给定该相关参数模拟 DGP。

3. 对于每个 MC 实验，估计除第二个特征之外的参数。

4. 计算所有 MC 实验的偏差。

5. 对网格的所有其他元素重复此操作。

图 9-9 显示了使用不同相关参数的 MC 模拟结果。以下四个结果值得注意：

• 当特征不相关时，偏差为零。

• 偏差的符号与相关参数的符号相反。

• 在相关系数为单位时，偏差等于被排除特征的参数。

• 截距没有偏差（根据定义，与省略的变量不相关）。

让我们总结一下最后这个发现：如果你要使用线性回归，请认真考虑你需要包含的特征！这就是为什么即使你对潜在的因果机制只有很弱的假设，也始终建议包含一些控制（例如，包含地理虚拟变量可以帮助你减轻由于在该层面上变化的特征所导致的遗漏变量偏差）。

尽管如此，如今除了入门课程或教科书，或者在估计因果关系时，几乎没有人使用 OLS（第 15 章）。一个天然的问题是，更具预测性的算法是否也会受到这个问题的影响。

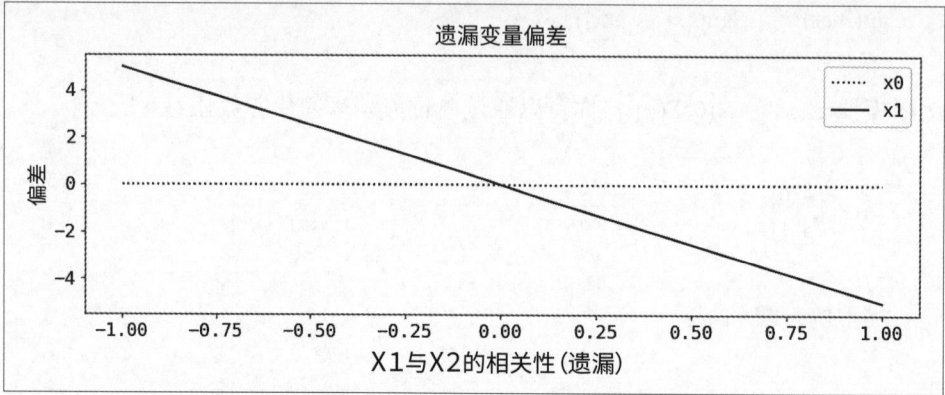

遗漏变量偏差

图 9-9：偏差作为相关参数的函数

为了回答这个问题，让我们运行一个 MC 实验并计算 OLS 和 GBR 的偏差。但我首先需要找到一种方法来估计与线性 DGP 中的参数相当的 GBR 参数。检查 PDP（见图 9-5）建议了一种简单的方法来实现这一点：

1. 为 x_1 构建部分依赖图。

2. 运行线性回归 $pdp = \gamma_0 + \gamma_1 Grid(x_1) + \zeta$。

3. 使用估计的斜率参数 γ_1 来计算偏差。

图 9-10 绘制了在没有元参数优化的情况下，OLS 和 GBR 的独立特征（左图）和相关特征（右图）的模拟偏差。正如预期的那样，对于独立特征，偏差近似为零（参见置信区间）。对于正相关特征，偏差为负，统计上不同于零，这对 OLS 和 GBR 都是如此。结果令人沮丧：你无法用算法解决数据问题。

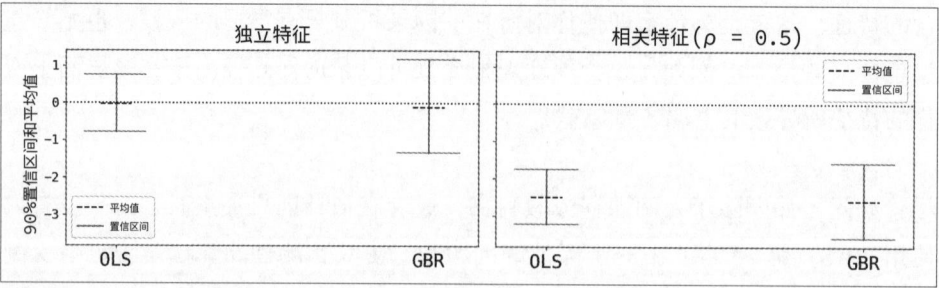

图 9-10：独立和相关特征的 OLS 和 GBR 偏差

一般而言，不要指望你的算法能解决数据问题。虽然有强大的算法，但没有一种是万无一失的。

9.5 模拟分类问题

你可能还记得，在分类问题中，结果变量是分类的，而不是连续的。这些问题在数据科学（DS）中经常出现，典型用例包括预测客户流失（两类：用户流失或未流失）、客户需要接受或拒绝一项优惠活动（例如交叉销售和追加销售或任何其他营销活动）、预测欺诈等问题。

9.5.1 潜在变量模型

模拟二项分类模型的一种标准方法是使用潜在变量。[注3] 如果一个变量无法直接观察到，但会影响一个可观察的结果，那么这个变量就是潜在变量。这个定义在检查以下 DGP 后会变得更加清晰。

$$z = \alpha_0 + \alpha_1 x_1 + \alpha_2 x_2 + \in$$
$$y = \begin{cases} 0 \text{ if } z < 0 \\ 1 \text{ if } z \geq 0 \end{cases}$$
$$\in \sim \text{Logistic}(\mu, s)$$
$$x_1, x_2 \sim N(\mathbf{0}, \Sigma)$$

潜在变量是 z，它遵循一个简单的线性模型，并且具有 Logistic 分布的干扰项。你只能观察到依赖于潜在变量符号的二项变量 y。

对干扰项分布的选择可以帮你模拟出更均衡或不均衡的结果。对称分布如高斯分布或 Logistic 分布会生成均衡的结果，但如果你想专注于数据的"非均衡性"，则可以选择非对称分布（你也可以在不改变分布的情况下选择不同的阈值，从而实现相同的效果）。

注3：　要模拟多项 Logistic 模型，你需要使用不同的技术（*https://oreil.ly/K5d8i*）考虑了多项 Logistic 模型的一些属性。

与线性回归模型的一个重要区别是，潜在变量的 DGP 中的参数通常是不可识别的，这意味着它们不能直接估计；只能估计参数的标准化版本。要理解这一点，请注意：

$$
\begin{aligned}
\text{Prob}(y = 1) &= \text{Prob}(\mathbf{x}'\alpha + \in \ge 0) \\
&= \text{Prob}(-\in \le \mathbf{x}'\alpha) \\
&= \text{Prob}\left(-\frac{\in}{\sigma_\in} \le \frac{\mathbf{x}'\alpha}{\sigma_\in}\right) \\
&= \text{F}(\mathbf{x}'\alpha/\sigma_\in)
\end{aligned}
$$

其中 F 是 Logistic 分布的 CDF，我利用了 Logistic 分布的 PDF 是对称的事实。最后一个方程表明真实参数与正则化参数 $\alpha/\sigma_\in$ 无法区分。在模拟中，我将报告这两组参数来强调这一事实。

边际效应在分类模型中测量一个特征的无穷小的变化对目标概率的影响。在线性回归中，这只是与每个特征相对应的系数，但由于 CDF 在参数上是非线性的，因此对于分类模型来说，计算并不那么简单。由于 CDF 的导数是 PDF，在应用链式法则进行微分后，你会得到：

$$
\begin{aligned}
\frac{\partial \text{Prob}(y = 1)}{\partial x_k} &= f(\mathbf{x}'\alpha)\alpha_k \\
&= \frac{e^{\mathbf{x}'\alpha}}{\left(1 + e^{\mathbf{x}'\alpha}\right)^2}\,\alpha_k
\end{aligned}
$$

注意非线性是如何起作用的：为了计算一个特征的边际效应，你需要评估 $f(\mathbf{x}'\alpha)$。与 PDP 一样，标准做法是使用特征的样本均值来计算与估计参数的内积。边际效应的符号仅取决于真实参数的符号，这通常是一个可取的属性。

9.5.2 比较不同算法

我现在将运行 MC 模拟来比较三个不同模型的结果：

线性概率模型

　　对观察到的二元结果和特征运行 OLS。我没有使用加权最小二乘法来校正异方差，这是报告置信区间时的标准做法（但它不会影响偏差）。[注4]

Logistic 模型

　　标准逻辑回归（*https://oreil.ly/rfsei*）。我展示了估计参数和从最后一个方程获得的边际效应。

梯度提升分类器

　　来自 scikit-learn 库（*https://oreil.ly/H3JkU*）。为了便于比较，我计算了 PDP 的斜率。

模拟的参数如下：

$$\left(\alpha_0, \alpha_1, \alpha_2\right) = (2, 3.5, -5)$$
$$\sigma_{11} = \sigma_{22} = s = 1$$
$$\sigma_{12} = \sigma_{21} = \mu = 0$$
$$\sigma_\in^2 = \left(s^2 \pi^2\right)/3 \approx 3.28$$
$$\left(\alpha_0/\sigma_\in, \alpha_1/\sigma_\in, \alpha_2/\sigma_\in\right) \approx (1.1, 1.9, -2.8)$$

最后一行显示了将作为基准的真实归一化参数。

结果可以在图 9-11 看到。这次模拟的两个主要教训是：

未识别真实参数。

　　与 DGP 中的真实参数相比，来自逻辑回归的估计参数有所偏差，因为它们是不可识别的。尽管如此，估计值与标准化参数非常接近，这是意料之中的：将估计值 (1.0, 1.8, -2.6) 与之前的真实正则化参数进行比较。

注4：　OLS 中的一个关键假设是干扰具有相同的方差（同方差性）。相反，异方差干扰具有不同的方差参数，并且 OLS 在非常精确的意义上不再是最优的。当可以估计异方差的形式时，加权最小二乘法是 OLS 的替代方法。

这三种方法都估计了正确的边际效应。

逻辑回归的理论边际效应（PDF 乘以系数）、线性概率模型的系数和 GBR 的 PDP 斜率是一致的。

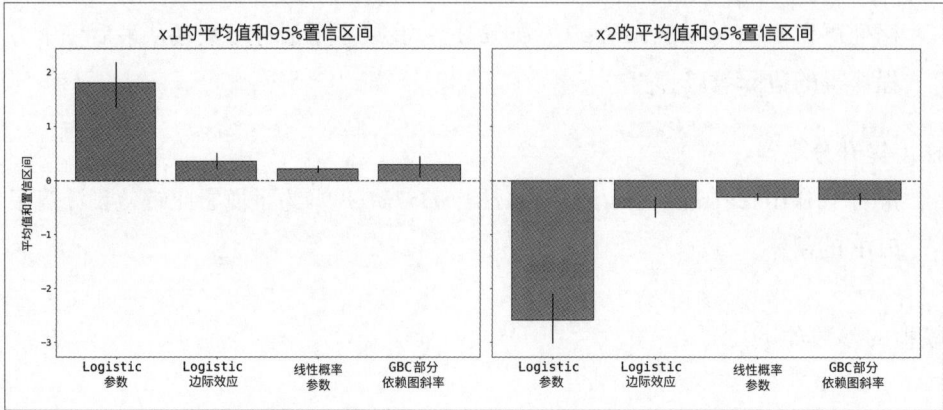

图 9-11：分类模拟：估计值比较

从分类模拟中学到的经验教训

当使用梯度提升或随机森林分类器时，你可以通过使用 PDP 来开始揭开其中的奥秘。在某些情况下，直接对二元结果进行线性回归估计（线性概率模型）是非常方便的：估计的参数可以被解释为对概率的边际效应。在处理置信区间和预测值时需要小心：为了获得准确的置信区间，你需要使用加权最小二乘法或稳健估计量，并且预测值并不限制在单位区间内（因此可能会得到负值或大于 1 的概率）。

9.6 自助法

蒙特卡罗模拟就是通过指定 DGP 来生成数据集。相比之下，自助法从当前数据集生成样本，主要用于量化估计值的方差。在数据科学中，与之相关的估计示例包括 PDP（及边际效应）、精确率和召回率等。由于这些估计依赖于可用样本，因此总会存在一些抽样变异，你可能希望对此进行量化。

为了描述自助法的工作原理，假设样本中的观测值数量为 N。你的估计值是样本数据的函数，因此：

$$\hat{\theta} = \hat{\theta}\left(\{y_i, \mathbf{x_i}\}_{i=1}^N\right)$$

自助法的伪代码是：

1. 设置样本的数量（B）。

2. 对于每个样本 b = 1, ..., B：

   a. 从数据集中随机选择（使用 replacement）N 行。

   b. 根据以下样本，计算并保存你的估计值：

   $$\hat{\theta}^b = \hat{\theta}\left(\{y_i^b, \mathbf{x_i^b}\}_{i=1}^N\right)$$

3. 用 B 估计计算方差或置信区间。例如，你可以像这样计算标准差：

$$SD\left(\hat{\theta}\right) = \sqrt{\frac{\Sigma_{b=1}^B\left(\hat{\theta}^b - AVG\left(\hat{\theta}^b\right)\right)^2}{B-1}}$$

一个典型的用例是，当你决定在将样本分成均匀间隔的区间，如十等分，后绘制真正率（TPR）时（见第 6 章）。在分类模型中，自然期望得分能够反映事件的实际发生情况，这意味着 TPR 应该是得分的一个非递减函数（得分越高，发生率越高）。

举一个具体的例子，假设你训练了一个客户流失模型，用于预测客户是否会在下个月停止购买。你对两个客户进行了预测，得到的分数是 $\hat{s}_1 = 0.8$ 和 $\hat{s}_2 = 0.5$。理想情况下，这些分数代表实际概率，但在大多数情况下，分数和概率并不一一对应，因此需要进行一些校准。但即使分数不能解释为概率，如果它们至少在方向上是正确的，那也是很好的，这意味着第一个客户更可能流失。

通过按区间绘制 TPR，你可以查看模型在这方面是否具有信息量。但有一个问题！由于抽样变异，单调性实际上取决于所需的粒度。要了解这一原则的实际作用，图 9-12 显示 TPR 五分位数、十分位数和二十分位数（零位数），以及经自助法得到的 95% 置信区间。你可以看到，当我使用五分位数和十分位数时，单调性成立。当你决定将粒度增加到 20 个等距区间时会发生什么？如果你没有绘制置信区间，你会得出结论，你的模型有问题（参见区间 11、15 和 19）。但这全都与抽样变异有关：一旦考虑到这一点，你就可以放心地得出结论，这些区间在统计上与相邻区间没有显著差异。

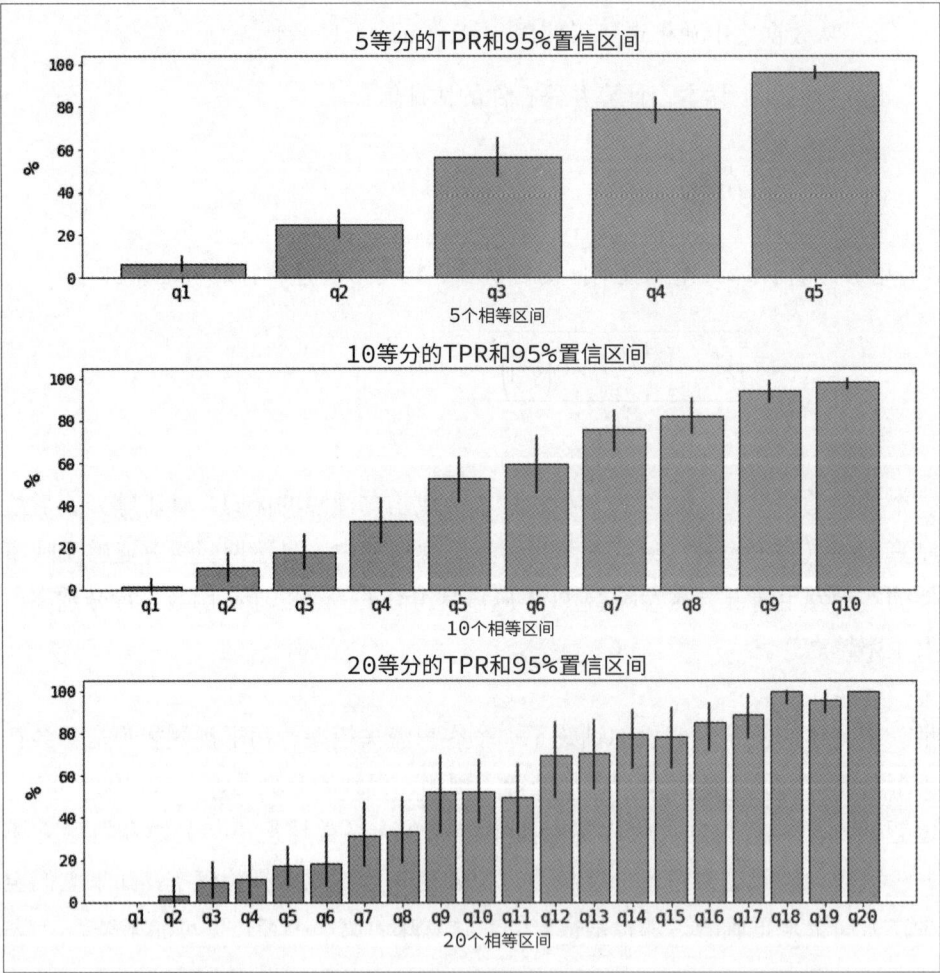

图 9-12：分类模型中的自助法的 TPR

如果你有统计学背景，你可能会认为在这个例子中，自助法不必要地复杂，因为你只需要计算每个区间的 TPR 的参数方差，它遵循二项分布（因此对于十分位数，方差可以计算为 $N/10 \times TPR_d \times (1 - TPR_d)$）。通过这个你可以计算参数置信区间。你是对的；自助法在以下情况下最有用：

- 你想要计算方差而不做分布假设（即非参数估计）。

- 分析计算方差很困难或计算成本很高。

9.7 关键要点

以下是本章的要点：

没有一种算法能够适用于所有数据集。

> 由于现实世界的数据并不完美，你可能需要在模拟的例子中检查算法是否正确执行。

算法无法解决数据问题。

> 了解每种训练算法的局限性至关重要。此外，如果你的数据有问题，不要指望算法能解决它们。

模拟法作为理解算法局限性的工具。

> 在本章中，我介绍了几个示例，其中模拟法提供了对不同算法的优缺点的见解。本章中其他示例可以在代码库中（*https://oreil.ly/dshp-repo*）找到（异常值和缺失值）。

部分依赖图是打开许多 ML 算法黑匣子的绝佳工具。

> 为了展示模拟法的威力，我计算了 PDP 并将它们与线性回归和分类的参数进行了比较。

自助法可以帮助你量化估计的精度。

> 自助法与蒙特卡罗模拟类似，因为你要绘制重复样本（不是来自模拟的 DGP，而是来自你的数据集），并利用这些信息推断出一些统计属性。

9.8 扩展阅读

模拟的领域非常广阔,本章仅涉及最基本的原理。模拟是贝叶斯统计和生成式 ML 模型中必不可少的工具。对于前者,你可以查看 Andrew Gelman 等的《Bayesian Data Analysis》(第 3 版)(Chapman and Hall/CRC Press)。对于后者,一个很好的参考资料是 Kevin Murphy 的《Machine Learning: A Probabilistic Perspective》(MIT Press)。他还有两个更新版本,我还没有看过,但应该很棒。

由 Christian Robert 和 George Casella 合著的《Monte Carlo Statistical Methods》(Springer)是一本关于蒙特卡罗模拟这一庞大而复杂的领域以及如何从分布中绘制数据的经典参考书。请注意,这本书适合技术爱好者。

你可以在 Trevor Hastie 等编著的《The Elements of Statistical Learning: Data Mining, Inference, and Prediction》(第 2 版)(Springer 出版,在作者的网站 *https://oreil.ly/QvSUb* 上可以下载)中找到有关自助法的更多信息。你还可以找到有关线性和逻辑回归的一些方法的信息。

Khaled El Emam 等撰写的《Practical Synthetic Data Generation》(O'Reilly)在实用的合成数据生成方面提供了一些有用的信息。正如我在本章开头提到的,你可以通过对数据集背后的数据生成过程做出假设来模拟数据,或者你可以在可用于生成合成数据集的真实数据上训练模型。本书提供了一些关于如何做到这一点的实用指导。

遗漏变量偏差和逻辑回归中的识别缺失是相当标准的结果,可以在任何计量经济学教科书中找到。例如,请参阅 William Greene 的《Econometric Analysis》(第 8 版)(Pearson)。

在《Analytical Skills for AI and Data Science》中,我讨论了模拟法在操控优化中的应用。如果你想探索这个主题,Scott Page 的《The Model Thinker: What You Need to Know to Make Data Work for You》(Basic Books)是一个很好的参考。另请参阅 Brian Ripley 的《Stochastic Simulation》(Wiley)。

第 10 章

线性回归：回到基础

线性回归（OLS[注1]）是大多数数据科学家学习的第一个机器学习算法，但随着更强大的非线性的替代方案（如梯度提升回归）的出现，它已成为一种求知欲。正因为如此，许多从业者不知道 OLS 的许多属性，这些属性对于获得一些关于学习算法的直觉非常有帮助。本章将介绍其中一些重要属性并强调其重要性。

10.1 什么是系数

让我们从只有一个功能的最简单的设置开始：

$$y = \alpha_0 + \alpha_1 x_1 + \in$$

第一个参数是常数或截距，第二个参数是斜率，你可能还记得直线的典型函数形式。

由于残差的均值为零，通过取偏导数可以看到：

$$\alpha_1 = \frac{\partial E(y)}{\partial x_1}$$
$$\alpha_0 = E(y) - \alpha_1 E(x_1)$$

注 1： OLS 代表普通最小二乘法，这是训练线性回归的标准方法。为方便起见，我将它们视为等效的，但请记住，还有其他损失函数可供使用。

正如第 9 章所讨论，第一个方程在可解释性方面非常有用，因为它表明特征的一个单位变化平均与结果的 α_1 个单位变化相关。但是，正如我现在要展示的，你必须小心对待，不要用因果关系来解释它。

通过将结果代入协方差也可以证明：

$$\alpha_1 = \frac{\text{Cov}(y, x_1)}{\text{Var}(x_1)}$$

在二元设定中，斜率取决于结果与特征之间的协方差以及特征的方差。由于相关性不是因果关系，因此你必须小心，不要将其解释为因果关系。非零协方差可能是由不同的原因导致的：

直接因果关系

  正如你想解释的那样 ($x_1 \rightarrow y$)。

反向因果关系

  ($x_1 \leftarrow y$)，因为协方差在参数上是对称的。

干扰因子

  干扰因子是影响 x 和 y 的任意第三个变量，但它们之间并不相关 (见图 10-1)。

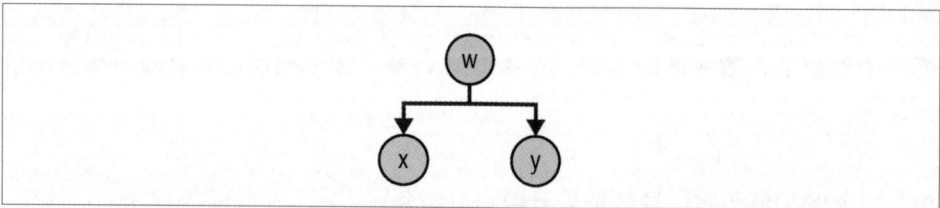

图 10-1：干扰因子

> 线性回归的估计值提供了特征与结果之间相关程度的信息，并且只能在非常特殊的情况下进行因果解释 (见第 15 章)。这同样也适用于其他 ML 算法，例如梯度提升或随机森林。

更普遍的适用多元回归（即具有多个协变量的回归）的结果：

$$\alpha_k = \frac{\mathrm{Cov}(y, \tilde{x}_k)}{\mathrm{Var}(\tilde{x}_k)}$$

其中 $\tilde{x}_k$ 是第 k 个特征在其他所有特征（−k）上进行回归分析后的残差：

$$\tilde{x}_k = x_k - \mathbf{X}_{-k}\theta_{-k}$$

对于二元线性模型，示例 10-1 表明线性回归与更简单的协方差公式在数值上一致。

示例 10-1：验证 OLS 与二元协方差公式是否一致

```python
def compute_alpha_1feat(ydf, xdf):
    """Compute alpha using var-cov formula and linear regression
        for the simple case of y = a + b x
    Inputs:
        ydf, xdf: dataframes with outcome and feature
    Outputs:
        Estimated coefficients from two methods: Cov() formula and
        linear regression
    """
    # Using covariance formula
    cat_mat = ydf.copy()
    cat_mat['x'] = xdf['x1']  # concatenate [y|x] so I can use the .cov() method
    vcv = cat_mat.cov()
    cov_xy = vcv['y'].loc['x']
    var_x = vcv['x'].loc['x']
    beta_vcv = cov_xy/var_x
    # using linear regression
    reg = LinearRegression(fit_intercept=True).fit(xdf, ydf.values.flatten())
    beta_reg = reg.coef_[0]

    return beta_vcv, beta_reg

# compute and print
b_vcv, b_reg = compute_alpha_1feat(ydf=ydf, xdf=Xdf[['x1']])
decimals = 10
```

```
print(f'Alpha vcv formula = {b_vcv.round(decimals=decimals)}')
print(f'Alpha OLS = {b_reg.round(decimals=decimals)}')

Alpha vcv formula = 3.531180168,
Alpha OLS = 3.531180168
```

对于多个特征的情况，你可以使用以下函数来验证更通用的协方差公式是否与
OLS 一致。请注意，我首先计算特征 k 对所有其他特征的回归残差：

```
def compute_alpha_n_feats(ydf, xdf, name_var):
    """
    Compute linear regression coefficients by:
        1. Orthogonalization (Cov formula)
        2. OLS
    Inputs:
        ydf, xdf: dataframes with outcome and features
        name_var: string: name of feature you want to compute
    Outputs:
        Coefficient for name_var using both methods

    """
    # Run regression of name_var on all other features and save residuals
    cols_exc_x = np.array(list(set(xdf.columns) - set([name_var])))
    new_x = xdf[cols_exc_x]
    new_y = xdf[name_var]
    reg_x = LinearRegression().fit(new_x, new_y.values.flatten())
    resids_x = new_y - reg_x.predict(new_x)
    # Pass residuals to Cov formula
    cat_mat = ydf.copy()
    cat_mat['x'] = resids_x
    vcv = cat_mat.cov()
    cov_xy = vcv['y'].loc['x']
    var_x  = vcv['x'].loc['x']
    beta_vcv = cov_xy/var_x
    # using linear regression
    reg = LinearRegression().fit(xdf, ydf.values.flatten())
    all_betas = reg.coef_
    ix_var = np.where(xdf.columns == name_var)
    beta_reg = all_betas[ix_var][0]

    return beta_vcv, beta_reg
```

更一般的协方差公式导出了一个重要的结果，称为 Frisch-Waugh-Lovell 定理。

10.2 Frisch-Waugh-Lovell 定理

Frisch-Waugh-Lovell 定理（FWL）是一个强有力的成果，有助于加深对线性回归内部运作机制的理解。本质上讲，你可以将 OLS 估计值解释为部分效应，即去除其他特征之间依赖关系后的效应。

假设你正在对每位顾客的消费额进行回归分析，以了解他们支付的价格和各州的虚拟变量的关系。如果利益相关者问你价格的系数是否可以通过各州的定价差异来解释，你可以使用 FWL 定理令人信服地说这些是净效应。价格效应已经去除了各州之间价格差异的影响（你已经控制了各州之间的差异）。

为了展现这个定理，我将再次使用更简单的两特征的线性模型，但该定理适用于任意数量特征回归量的更一般情况：

$$y = \alpha_0 + \alpha_1 x_1 + \alpha_2 x_2 + \in$$

FWL 指出，可以使用两个步骤来估算特定系数，例如 α_1：

1. 部分剔除 x_2 的影响：

    运行 y 对 x_2 的回归并保存残差：$\tilde{y}_1$。

    运行 x_1 对 x_2 的回归并保存残差：$\tilde{x}_1$。

2. 残差回归：

    运行 $\tilde{y}_1$ 对 $\tilde{x}_1$ 的回归。斜率是 α_1 的估计值。

部分剔除这一步骤会消除任何其他回归变量对结果和目标特征的影响。第二步对这些残差进行双变量回归。由于我们已经部分剔除了 x_2 的影响，因此只剩下感兴趣的变量所带来的影响。

示例 10-2 显示了我模拟一个具有三个特征的线性模型时的结果，并使用 FWL 部分剔除方法和普通线性回归估计每个系数。我使用的代码片段示例 10-2 进行比较。

示例 10-2：检查 FWL 的有效性

```
def check_fw(ydf, xdf, var_name, version = 'residuals'):
    """
    Check the Frisch-Waugh theorem:
        Method 1: two-step regressions on partialled-out regressions
        Method 2: one-step regression
    Inputs:
        ydf, xdf: dataframes with Y and X respectively
        var_name: string: name of feature we want to apply the FW for
        version: string: ['residuals','direct'] can be used to test
            both covariance formulas presented in the chapter
            'residuals': Cov(tilde{y}, tilde{x})
            'direct': Cov(y, tilde{x})
    """
    # METHOD 1: two-step regressions
    nobs = ydf.shape[0]
    cols_exc_k = np.array(list(set(xdf.columns) - set([var_name])))
    x_k = xdf[cols_exc_k]
    # reg 1:
    reg_y = LinearRegression().fit(x_k, ydf.values.flatten())
    res_yk = ydf.values.flatten() - reg_y.predict(x_k)
    # reg 2:
    new_y = xdf[var_name]
    reg_x = LinearRegression().fit(x_k, new_y.values.flatten())
    res_xk = new_y.values.flatten() - reg_x.predict(x_k)
    res_xk = res_xk.reshape((nobs,1))
    # reg 3:
    if version=='residuals':
        reg_res = LinearRegression().fit(res_xk, res_yk)
    else:
        reg_res = LinearRegression().fit(res_xk, ydf.values.flatten())
    coef_fw = reg_res.coef_[0]
    # METHOD 2: OLS directly
    reg = LinearRegression().fit(xdf, ydf.values.flatten())
    coef_all = reg.coef_
```

```
    ix_var = np.where(xdf.columns == var_name)[0][0]
    coef_ols = coef_all[ix_var]

    return coef_fw, coef_ols

cols_to_include = set(Xdf.columns)-set(['x0'])
decimals= 5
print('Printing the results from OLS and FW two-step methods \nVersion =
residuals')
for col in ['x1', 'x2', 'x3']:
    a, b = check_fw(ydf, xdf=Xdf[cols_to_include], var_name=col,
version='residuals')
    print(f'{col}: FW two-steps = {a.round(decimals=decimals)},
        OLS = {b.round(decimals=decimals)}')

Printing the results from OLS and FW two-step methods
Version = residuals
x1: FW two-steps = 3.66436, OLS = 3.66436
x2: FW two-steps = -1.8564, OLS = -1.8564
x3: FW two-steps = 2.95345, OLS = 2.95345
```

回到前面展示的协方差公式，FWL 意味着：

$$\alpha_k = \frac{\text{Cov}(\tilde{y}_k, \tilde{x}_k)}{\text{Var}(\tilde{x}_k)}$$

与之前一样，$\tilde{x}_k$ 表示特征 k 对所有其他特征的回归残差，$\tilde{y}_k$ 表示结果对同一组特征的回归残差。Python 脚本允许你测试广义协方差公式的两个版本是否给出相同的结果（使用 version 参数）。

OLS 的一个重要特性是估计的残差与回归量（或回归量的任何函数）正交，这一过程也称为正交化。你可以利用这一事实来证明这两个协方差公式是等价的。

重要的是，正交化始终必须针对目标特征进行。如果仅对结果 y 进行正交化，则协方差公式不再有效，除非特征之间已经彼此正交，因此一般来说：

$$\alpha_k \neq \frac{\text{Cov}(\tilde{y}_k, x_k)}{\text{Var}(x_k)}$$

10.3 为什么你应该关心 FWL

我已经介绍了正交化结果的几个版本，因此你应该期望它是相关的。主要结论如下：

> 你可以将线性回归中的每个系数解释为每个特征去除了其他特征的影响后的净效应。

这是一个典型的场景，其中这种解释非常重要：

$$x_1 \sim N(0, \sigma_1^2)$$
$$x_2 = \beta_0 + \beta_1 x_1 + \in$$
$$y = \alpha_0 + \alpha_1 x_1 + \alpha_2 x_2 + \eta$$

在这种情况下，x_1 对结果 y 有直接和间接的影响。例如，你所在的州或地理位置这类虚拟变量。这些变量往往有直接和间接的影响。当你解释 x_2 的系数时，如果你可以说这是去除各州之间差异后的结果，那就太好了，因为你已经控制了该变量。

图 10-2 显示了模拟先前数据生成过程的真实参数、OLS 估计和梯度提升回归 (GBR) 的部分依赖图 (PDP)。多亏了 FWL，你知道 OLS 能正确捕获净效应。GBR 在 x_2 上表现良好，但对于 x_1 则表现不佳。

要了解发生了什么，请回想一下 PDP 的计算方法：将一个特征固定在样本均值上，为你关心的特征创建一个网格，然后进行预测。当你固定 x_2 时，x_1 会显示直接和间接效应的组合，而算法不知道如何区分它们。这进一步强调了 OLS 在可解释性方面的优势，但要达到甚至是相对简单的 GBR 在非线性模型中所能表现出的性能，仍需要相当大的努力。

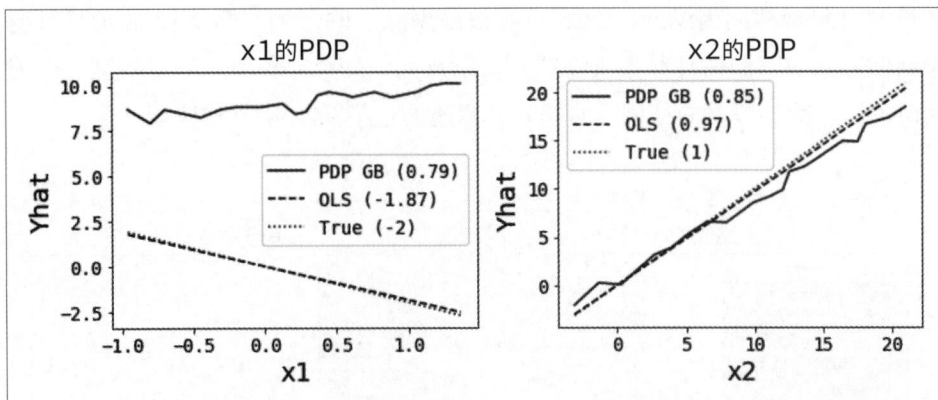

图 10-2：OLS 和梯度提升的直接和间接影响

10.4 干扰因子

既然我已经描述了 FWL 定理，我想回到干扰因子的问题上（见图 10-1）。假设干扰因子（w）影响两个原本不相关的变量：

$$
\begin{aligned}
x &= \alpha_x + \beta_x w + \epsilon_x \\
y &= \alpha_y + \beta_y w + \epsilon_y \\
\epsilon_x &\perp\!\!\!\perp \epsilon_y \\
\epsilon_x, \epsilon_y &\perp\!\!\!\perp w
\end{aligned}
$$

其中符号 $\perp\!\!\!\perp$ 表示统计独立性。使用 y 对 x 回归中斜率系数的协方差公式，可以明显看出 OLS 为何会显示虚假结果：

$$
\frac{\mathrm{Cov}(y, x)}{\mathrm{Var}(x)} = \frac{\beta_x \beta_y \mathrm{Var}(w)}{\beta_x^2 \mathrm{Var}(w) + \mathrm{Var}(\epsilon_x)}
$$

如果你首先去除掉那个共同因素会怎么样？这正是 FWL 告诉你的线性回归所做的，因此你可以安全地运行以下形式的回归：

$$
y = \alpha_0 + \alpha_1 x_1 + \alpha_2 w + \epsilon
$$

通过同时包含共同因素 w，OLS 将有效地剔除它的影响。图 10-3 显示了双变量回归和伪回归的估计结果（左图），以及如上一个方程所示的包括第三个因素时部分剔除的版本的结果（右图）。我还展示了 95% 的置信区间。

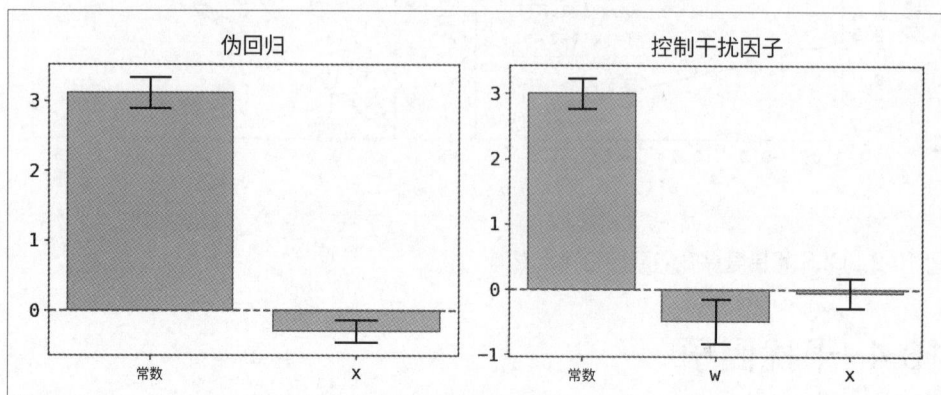

图 10-3：FW 和干扰因子控制（估计值和 95% 置信区间）

如果不控制干扰因子，你会得出结论：x 和 y 确实相关（置信区间远离零），但一旦控制了 w，它就会成为唯一相关（统计上显著）的因素。

这个结果在许多应用中非常有用。例如，在时间序列分析中，趋势平稳（*https://oreil.ly/ewcVV*）的变量是很常见的，可以像这样建模：

$$y_{1t} = \alpha_1 + \beta_1 t + \epsilon_{1t}$$
$$y_{2t} = \alpha_2 + \beta_2 t + \epsilon_{2t}$$

多亏了 FWL，你已经知道为什么这些被称为趋势平稳：一旦你控制时间趋势（上面的 t），从而去除它的影响，你最终会得到一个平稳的时间序列。[注2]

假设你用其中一个对另一个进行回归分析：

注 2：　从高层次上讲，当时间序列的概率分布不随时间变化时，该时间序列是平稳的。弱平稳性仅指前两个矩是常数，而强平稳性要求联合分布为常数。趋势变量的均值会发生变化，因此它不可能是平稳的（除非它是趋势平稳的）。

$$y_{2t} = \theta_0 + \theta_1 y_{1t} + \zeta_t$$

由于你没有控制共同趋势,最终会错误地得出它们是相关的结论。图 10-4 展示了模拟的两个趋势平稳的自回归（AR(1)）过程的回归结果,这两个过程在设计上是无关的。[注3] 图中显示了第二个变量（y_2）的估计截距（常数项）和斜率,以及 95% 的置信区间。

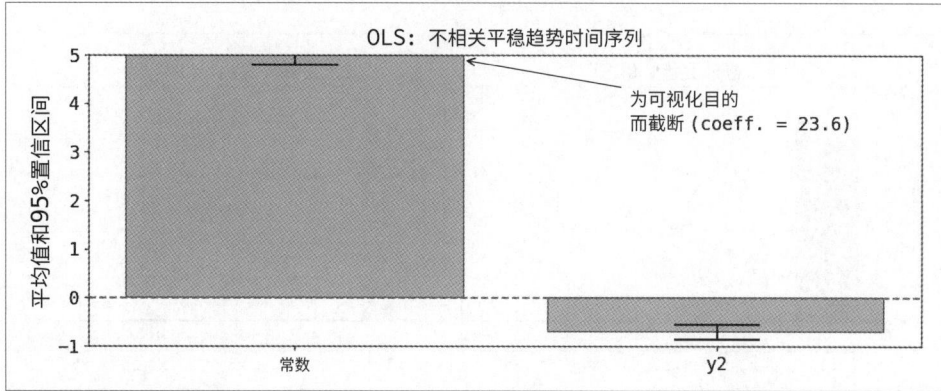

图 10-4:伪时间序列回归的 OLS

> 时间序列中存在伪相关性是很常见的,因为它们通常显示时间趋势。由于它可以充当干扰因子,因此建议控制线性时间趋势。这样你就可以去除可能由这个潜在干扰因子引起的任何噪声。

10.5 额外变量

第 9 章描述了遗漏变量偏差,表明排除本应包括的变量会导致 OLS 估计出现偏差,从而降低预测性能;重要的是,对于其他机器学习（ML）算法也是如此。

如果不忽略重要变量,而是添加其他不相关的特征,会发生什么情况? OLS 的一个很好的特性是,包含不重要的特征不会产生偏差,只会影响估计值的方差。图 10-5 展示了蒙特卡罗模拟中每个估计参数的平均值和 90% 置信区间,其中:

注3: AR(1) 表示 1 阶自回归过程。

- 只有一个特征具有有用的信息（x_1，真实系数 $\alpha_1 = 3$）。

- 在训练模型时，还纳入了四个不具信息量的特征。

- 训练了两个模型：OLS 和开箱即用的梯度增强回归。

这两种算法在两个方面都表现正确：它们能够正确估计真实参数，并忽略无信息量的变量。

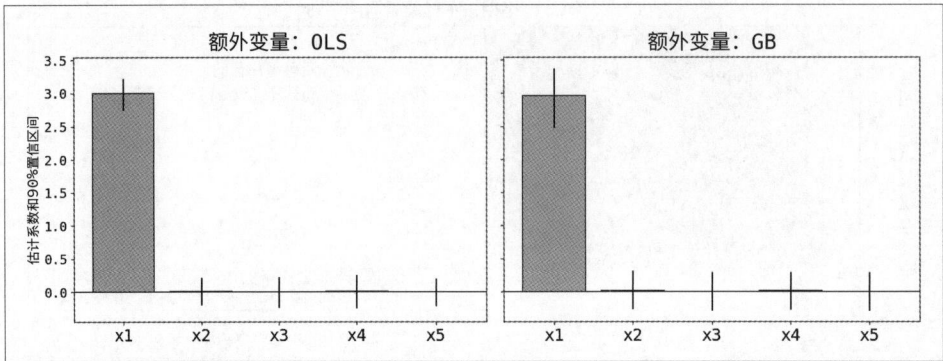

图 10-5：包含无信息量特征的效果

但是，你必须谨慎使用集成学习算法，因为如果这些算法与实际基础变量高度相关，那么当包含无信息量的特征时，这些算法往往非常敏感。你通常可以在虚拟变量陷阱中看到这一点。典型的情况出现在带有虚拟变量的模型中，如下所示：

$$y = \alpha_0 + \alpha_1 x + \alpha_2 D_1 + \in$$

$$D_1 = \begin{cases} 1 \text{ if customer is left-handed} \\ 0 \text{ if customer is right-handed} \end{cases}$$

在 OLS 中，当你包含一个截距并为所有可用类别都添加虚拟变量时，就会出现虚拟变量陷阱。在这个例子中，你只能包含左撇子或右撇子两者之中的一个虚拟变量，但不能同时包含两个，因为交叉乘积矩阵 X'X 不可逆（因此 OLS 估计值不存在）。[注4] 解决方案是始终省略一个参考类别的虚拟变量，在这个例子中，就是省略右撇子的虚拟变量。

这种计算的限制在随机森林或梯度提升回归等集成算法中并不存在，但由于虚拟变量 D_l 和 $D_r = 1 - D_l$ 完全相关，因此发现两者在特征重要性方面排名都非常高是正常的。由于它们提供完全相同的信息，因此算法的性能不会因为同时包含两者而得到提升。这是一个有用的直观事实，通过理解 OLS 可以自然而然地得出。

避免虚拟变量陷阱

在 OLS 中，当你在包含截距的情况下为分类变量的所有类别都添加虚拟变量时，就会出现虚拟变量陷阱；在这种情况下，估计量不存在。

如果你使用集成学习方法，则没有这种计算的限制，但这些冗余特征并未提供额外的信息或预测性能。

10.6 在机器学习中变化是中心角色

机器学习的一个核心原则是，你需要特征和结果的变化，以便算法识别参数，或者换句话说，学习相关性。你可以在开头给出的协方差公式中直接看到这一点：如果 x 或 y 是常数，则协方差为零，因此 OLS 无法学习参数。此外，如果 x 是常数，则分母为零，因此参数不存在，这一结果与虚拟变量陷阱密切相关。

> 如果你想解释输出的变化，你需要有输入的变化。对于任何 ML 算法来说都是如此。

你可能还记得，在 OLS 中，系数和协方差矩阵的估计值是：

注4：　回想一下，OLS 估计量是 $(X'X)^{-1}X'Y$。

$$\hat{\beta} = (X'X)^{-1}X'Y$$
$$Var(\hat{\beta}) = s^2(X'X)^{-1}$$

其中 s^2 是残差方差的样本估计值，$X_{N \times P}$ 是特征矩阵，包括与截距相对应的向量。

从这些方程可以得出两个结果：

识别条件

　　对于交叉乘积矩阵，特征之间不可能存在完全相关性（完全多重共线性）（X'X）为正定矩阵（满秩或者可逆的）。

估计值的方差

　　特征的相关性越高，估计值的方差就越高。

虽然第一部分应该很简单，但第二部分需要一些数学操作来展示多元回归的一般情况。在代码库中（*https://oreil.ly/dshp-repo*）关于本章的部分，我提供了一个模拟来验证多元回归中的这一情况。对于简单的双变量回归，很容易证明估计的方差与特征的样本方差呈负相关，因此具有表现出更多变化的协变量可以提供更多信息，从而提高估计的精度。[注 5]

图 10-6 绘制了在模拟一个双变量线性 DGP 后，OLS 和梯度提升回归两种方法估计的平均值和 95% 置信区间。如前所述，对于 OLS，当协变量显示出更多的变异时，估计值的方差会减少。值得注意的是，GBR 也有相同的表现。

这一原则在数据科学家的眼中很常见。想象一下你正在运行如下回归：

$$y_i = \alpha + \sum_s \theta_s D_{is} + \gamma \bar{z}_{s(i)} + \in_i$$

$$D_{is} = \begin{cases} 1 & \text{if customer i lives in state s} \\ 0 & \text{otherwise} \end{cases}$$

$$\bar{z}_{s(i)} = \text{state sample average of z given the state where i lives}$$

注 5：　在双变量设置中，$Var(\beta_1) = Var(residual)/Var(x)$。

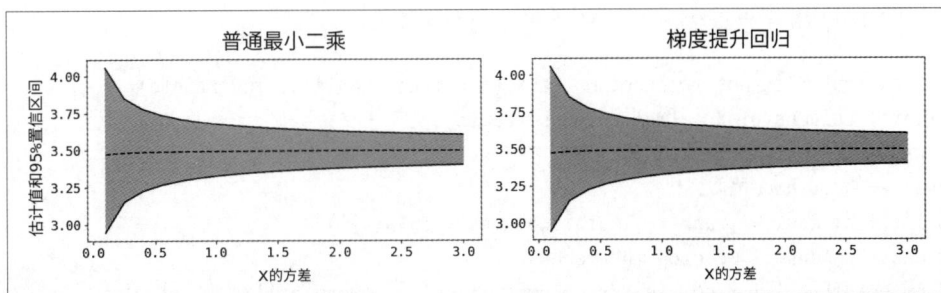

图 10-6：OLS 和 GBR 估计值的方差

如果 y 表示每位顾客的消费额，z 表示家庭收入，则该模型表明消费额因州（虚拟变量）而异，并且存在独立效应，即较富裕的州购买量也更多（以每个州的平均家庭收入表示）。

虽然你的直觉可能是正确的，但你无法用 OLS 训练这个模型，因为存在完全多重共线性。换句话说，虚拟变量州和你能想到的任何指标的平均值都提供完全相同的信息。对于任何 ML 算法来说都是如此！

虚拟变量和组级别的聚合

如果包含虚拟变量以控制组级别的变化，则无须在同一层次上包含其他特征的聚合，因为这两者提供的是完全相同的变异性。

例如，如果包含州这一虚拟变量，而你又想同时包含每个州的平均家庭支出和每个州的价格的中位数，无论它们听起来有多不同，它们提供的信息量都是完全相同的。

为了检验这一点，我使用刚刚介绍的数据生成过程模拟了一个简单的模型，其中包括从多项分布中提取的三个州（因此，为了避免虚拟变量陷阱，我使用了两个虚拟变量），代码可以在代码库（*https://oreil.ly/dshp-repo*）中找到。示例 10-3 表明特征矩阵不是满秩的，这意味着存在完全多重共线性。

示例 10-3：州作为虚拟变量：降低州平均值的影响

```
# Show that X is not full column rank (and thus, won't be invertible)
print(f'Columns of X = {Xdf.columns.values}')
rank_x = LA.matrix_rank(Xdf)
nvars = Xdf.shape[1]
print(f'X: Rank = {rank_x}, total columns = {nvars}')
# what happens if we drop the means?
X_nm = Xdf[[col for col in Xdf.columns if col != 'mean_z']]
rank_xnm = LA.matrix_rank(X_nm)
nvars_nm = X_nm.shape[1]
print(f'X_[-meanz]: Rank = {rank_xnm}, total columns = {nvars_nm}')
Columns of X = ['x0' 'x1' 'D1' 'D2' 'mean_z']
X: Rank = 4, total columns = 5
X_[-meanz]: Rank = 4, total columns = 4
```

为了检查同一观点是否适用于更一般的非线性算法，我对同一模型进行了蒙特卡罗（MC）模拟，使用梯度提升回归（无元参数优化）对其进行训练，使用完整的特征集并删除冗余均值特征后，计算了测试样本的均方误差 (MSE)。图 10-7 显示平均 MSE 以及 MSE 的 90% 置信区间。正如你所期望的那样，你可以验证，如果额外变量没有提供任何额外的信息，预测性能实际上是相同的。

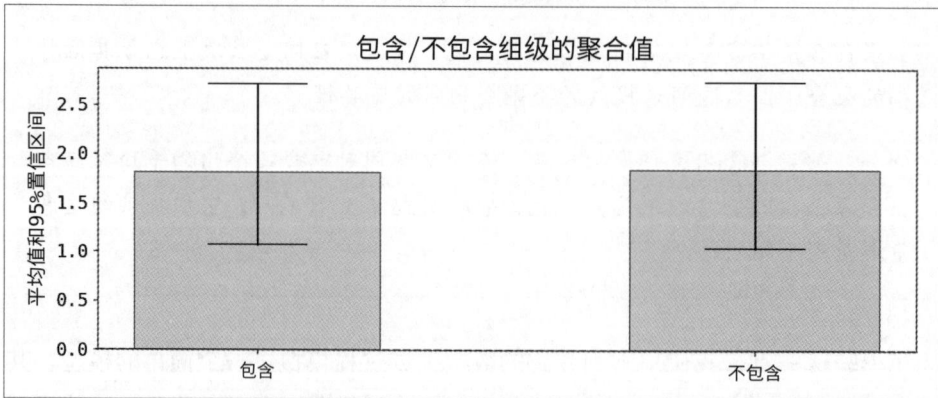

图 10-7：梯度提升 MC 模拟的结果

用例：欺诈检测

为了了解这种直觉的力量，让我们来看一个高风险用例。如果目标是构建欺诈检测 ML 模型，你应该包括哪些功能？这是一个非常普遍适用的故事。

由于欺诈者不想被抓住，他们会试图假装成普通消费者。然而，他们通常不知道指标的分布，而你知道。假设你有一些指标，比如交易金额或票据。你可以转换它以帮助算法来检测异常的一种方法是创建特征相对于某个基准的比率，如 95% 分位数：

$$x_{norm} = \frac{x}{x_{q95}}$$

通过这种转换，每当 x 高于所选分位数时，它就会大于一，并且希望算法可以检测到一些欺诈的模式。

现在你对这个逻辑有怀疑是正常的，因为规范化的特征与原始特征具有完全相同的信息。在代码库（*https://oreil.ly/dshp-repo*）你可以找到此用例的 MC 模拟，并且可以验证这确实是正确的。

10.7 关键要点

以下是本章的要点：

为什么要学习线性回归？

　　理解线性回归可以帮助你建立一些重要的直觉，这些直觉更普遍地适用于其他非线性算法，例如随机森林或 boosting 技术。

相关性并不等于因果关系。

　　一般来说，机器学习算法只提供特征与结果之间相关性的信息。线性回归的结果非常明确，因此在考虑其他学习算法时，应该以此作为基准。

Frisch-Waugh-Lovell 定理。

　　这是线性回归中的一个重要结果，它表明估计值可以解释为控制剩余协变量后的净效应。

FWL 和干扰因子。

借助 FWL，你只需将干扰因子纳入特征集即可控制它们。一个常见的例子是时间序列分析，控制确定性趋势始终是一种很好的做法。当结果和特征显示某种趋势时，这样做可以防止获得虚假结果。

不相关的变量。

在线性回归中，包含无信息量的特征是安全的。如果无关变量与有信息量的特征有足够的相关性，那么集成学习算法可能对无关变量敏感。这不会对估计值产生偏差，但这可能会导致你认为某些没有预测能力的变量具有预测能力。

虚拟变量陷阱。

在线性回归中，最好包含一个截距或常数项。如果包含了虚拟变量，则必须始终排除一个类别，以便该类别作为参考或基准。例如，如果包含了女性的虚拟变量，则男性类别就作为解释目的的参考。

集成学习中的虚拟变量陷阱。

没有什么可以限制你在使用随机森林或梯度提升时为所有类别添加虚拟变量。但你也得不到任何好处：这些变量没有提供任何可以改善模型预测性能的额外信息。

方差对机器学习至关重要。

如果特征没有足够的方差，算法就无法学习底层数据生成过程。对于线性回归和一般机器学习算法都是如此。

10.8 扩展阅读

大多数统计学、机器学习和计量经济学教科书都涵盖了线性回归。Trevor Hastie 等在《The Elements of Statistical Learning: Data Mining, Inference, and Prediction》（第 2 版）（Springer）中对线性回归的处理非常出色。它通过逐次正交化讨论了回归，这一结果与 FWL 定理密切相关。

Joshua Angrist 和 Jörn-Steffen Pischke 合著的《Mostly Harmless Econometrics: An Empiricist's Companion》（Princeton University Press）第 3 章对线性回归

的基本原理以及本章中提出的协方差公式的推导进行了非常深入的讨论。如果你想加强对回归的直觉认知，这本书非常适合你。

大多数计量经济学教科书都涵盖了 FWL 定理。你可以查阅 William Greene 的《Econometric Analysis》（第 8 版）（Pearson）。

## 第 11 章

数据泄露

在"数据挖掘中的泄露：表述、检测和避免"一文中，Shachar Kaufman 等（2012）将数据泄露列为数据科学中最常见的十大问题之一。根据我的经验，它应该排名更高：如果你训练了足够多的真实模型，那么你不太可能没有遇到过它。

本章专门讨论数据泄露的一些症状以及如何解决。

11.1 什么是数据泄露

顾名思义，数据泄露是指在将模型部署到生产环境中时，用于训练模型的部分数据不可用，从而导致后期的预测性能不佳。这通常发生在训练模型时：

- 使用预测阶段无法获得的数据或元数据。

- 与你想要预测的结果相关。

- 会导致测试样本预测性能不切实际地高。

最后一项解释了为什么数据泄露是数据科学家担心和沮丧的原因：当你训练一个模型时，没有任何数据和模型漂移，你期望将模型部署到生产中后，在测试样本上的预测性能将推广到现实世界。如果你有数据泄露，情况就无法推广，你（你的利益相关者和公司）将遭受巨大的失望。

让我们通过几个例子来阐明这个定义。

11.1.1 结果也是一个特征

这是一个简单的例子，但可以作为更实际的例子的基础。如果你要训练这样的模型：

$$y = f(y)$$

在训练阶段你能获得完美的性能，但毫无疑问，当你的模型部署到生产中时，将无法做出预测（因为根据定义，在预测时结果是不可用的）。

11.1.2 特征是结果的函数

一个更实际的例子是，其中一个特征是结果的函数。假设你想预测下个月的收入，并使用第 2 章介绍的 $P \times Q$ 分解，你将单价（收入 / 销量）作为一个特征。很多时候，单价的计算是在上游完成的，因此你最终只是使用包含价格的表格，而实际上并不知道它们是如何计算的。

数据治理的重要性

特征本身是结果的函数这个案例凸显了数据治理在数据科学中，特别是在机器学习中的重要性。拥有良好文档化的数据处理流程、彻底的数据来源追踪和变量定义，是任何数据驱动公司的关键资产。

数据治理可能会给组织带来成本，但尽早开展数据治理所带来的收益绝对是值得的。

11.1.3 不良控制变量

正如第 10 章所述，即使你对潜在的因果机制没有强有力的假设，最好还是包括那些你认为有助于控制变异源的特征。这通常是正确的，除非你包括了不良的控制变量，而这些控制变量本身就是受特征影响的结果。

以这些数据生成过程（DGP）为例：

$$y_t = f(\mathbf{x}_{t-1}) + \epsilon_t$$
$$z_t = g(y_t) + \zeta_t$$

你可能认为在训练预测 y 的模型时，控制 z 可以帮助你消除一些影响。不幸的是，由于在预测时没有 z，并且它与 y 相关，因此你最终会得到一个特殊的数据泄露的例子。

请注意，此处的泄漏既来自使用预测时不存在的信息，也来自包含不良控制变量。如果 z 在时间上表现出足够的自相关性，即使你控制了其滞后值 (z_{t-1})，你仍然会得到不合理的高预测性能。

11.1.4 时间戳标记错误

假设你想要测量某个月份的月活跃用户数量。产生所需指标的典型查询语句如下所示：

```
SELECT DATE_TRUNC('month',purchase_ts)AS month_p,
    COUNT(DISTINCT customer_id)AS mau
FROM my_fact_table
GROUP BY 1
ORDER BY 1;
```

在这里，你使用月初的时间戳有效地标记了这些客户，这对于许多目的来说可能是有意义的。或者，你可以使用期末时间戳来标记他们，这也适用于不同的用例。

关键在于，如果你错误地认为指标是在时间戳所建议的时间之前测量的，则标签选择可能会造成数据泄露（实际上，你可能会使用未来的信息来预测过去）。这是实践中遇到的常见问题。

11.1.5 具有不规则时间聚合的多个数据集

假设你想使用如下模型来预测客户流失：

$$\mathrm{Prob}(\mathrm{churn}_t) = f\left(\Delta \mathrm{sales}_{t-1}^{t}, \mathrm{num.\ products}_t\right)$$

这里有两个假设：

- 前一时期消费额下降的客户更有可能流失（实际上这表明他们的参与度在下降）。

- 用目前使用的其他产品数量来衡量，与公司关系越深的客户流失的可能性就越小。

泄露的一个可能原因是，特征包含来自未来的信息，因此，一个正在使用一款产品的客户下个月不可能流失。这可能是因为你最终使用类似以下代码来查询数据：

```
WITH sales AS (
-- subquery with info for each customer, sales and delta sales,
-- using time window 1
  ),
prods AS (
 -- subquery with number of products per customer using time window 2
 )
SELECT sales.*, prods.*
FROM sales
LEFT JOIN prods ON sales.customer_id = prods.customer_id
AND sales.month = prods.month
```

问题出现的原因是数据科学家在每个子查询中筛选日期时很马虎。

11.1.6 其他信息的泄露

前面的例子处理的是数据泄露，无论是来自特征还是结果本身。在定义中，还包括元数据泄露。下面这个例子将有助于说明这是什么意思。在许多机器学习应用中，通过像这样标准化来转换数据是正常的：

$$y_{\mathrm{std}} = \frac{y - \mathrm{mean}(y)}{\mathrm{std}(y)}$$

假设你使用完整数据集中的矩来标准化训练样本，当然，完整数据集包括测试样本。在某些情况下，这些泄露的时刻会提供生产中无法获得的额外信息。我将在本章后面提供一个展示这种泄露的示例。

11.2 检测数据泄露

如果你的模型具有不合理的出色的预测性能，你应该怀疑存在数据泄露。不久前，我团队的一位数据科学家展示了一个分类模型的结果，该模型的曲线下面积（AUC）为 1！你可能还记得，AUC 介于 0 ~ 1 之间，其中 AUC = 1 表示你有一个完美的预测。这显然是可疑的，至少可以这么说。

这种拥有完美预测的极端情况相当罕见。在分类设置中，每当我得到 AUC > 0.8 时，我就会怀疑，但你不应该把它当作一成不变的法则。这更像是一种个人启发式方法，我发现它很有用，对我职业生涯中遇到的各类问题都有帮助。[1] 在回归设置中，更很难提出类似的启发式方法，因为最常见的性能指标，即均方误差，下限为零，但这实际上取决于结果的规模。[2]

归根结底，检测泄露的最佳方法是将生产模型的实际性能与测试样本性能进行比较。如果后者大得多，并且你可以排除模型或数据漂移，那么你应该寻找数据泄露的来源。

> 利用你和你的组织对手头建模问题的了解来决定什么水平的预测性能是可疑的。很多时候，只有当你将模型投入生产并发现其性能低于测试样本时，才会检测到数据泄露。

为了展示数据泄露带来的性能提升，我对前面描述的两个示例运行了蒙特卡罗（MC）模拟。图 11-1 显示了包含不良控制变量的影响：我训练了有数据泄露和没有数据泄露的模型，该图显示了 MC 模拟的平均值和 90% 置信区间。有泄露的均方误差（MSE）约为没有包含不良控制变量时的四分之一。在代码库

注 1：　另外，请记住，AUC 对不平衡的结果很敏感，因此我的启发式方法必须谨慎对待。

注 2：　另一种方法是使用也与单位间隔有界的判定系数或 R2。

（*https://oreil.ly/hi693*）中，你可以检查当不良控制变量独立于结果时，没有数据泄露，并且模型具有相同的性能。你还可以调整自相关程度，以检查即使滞后的不良控制变量也会产生泄露。

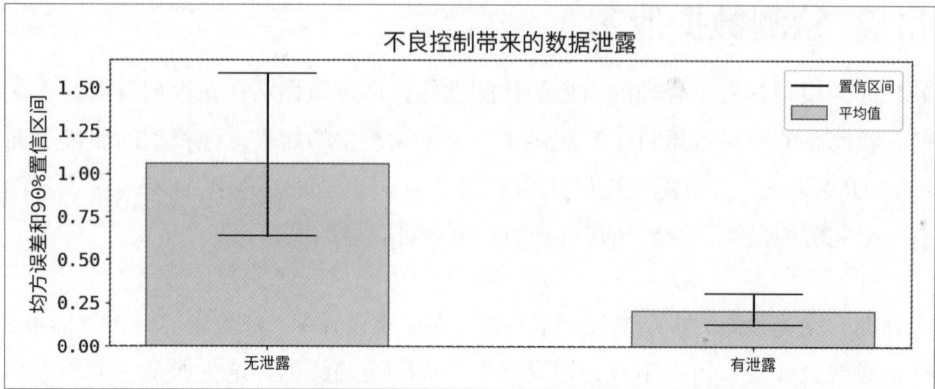

图 11-1：不良控制带来的数据泄露

在第二个例子中，我将展示糟糕的标准化和矩泄露如何影响性能。图 11-2 使用以下 DGP 的 MC 模拟得出平均 MSE 以及 90% 置信区间：[注3]

$$x_t \sim AR(1) \ \text{with a trend}$$
$$y_t = f(x_t) + \in_t$$

我使用样本的前半部分样例数据进行训练，后半部分用于测试模型。对于有数据泄露的情况，我使用完整数据集的平均值和标准差对特征和结果进行标准化；对于无数据泄露的情况，我使用每个相应样本（训练和测试）的矩。与之前一样，数据泄露能提高性能是显而易见的。

这种泄露问题背后的逻辑是什么？我决定加入一个时间趋势，这样完整数据集的平均值和标准差就可以在训练时告知算法结果和特征正在增加，从而提供模型部署时无法获得的额外信息。如果没有了趋势成分，数据泄露就会消失，你可以使用仓库中的代码（*https://oreil.ly/hi693*）来验证。

注3： AR(1) 过程是具有 1 阶自回归分量的时间序列。你可以查阅第 10 章以了解更多信息。

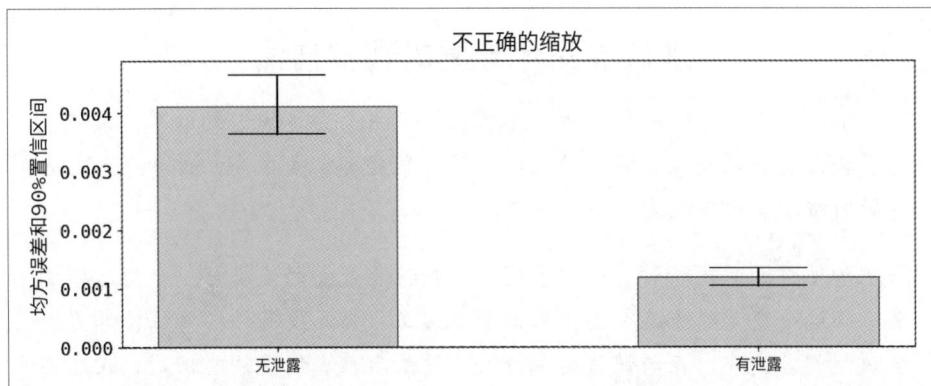

图 11-2：不正确的缩放导致的数据泄露（MSE）

11.3 完全分离

在继续之前，我想讨论一下完全或准完全分离的话题。在分类模型中，由于这种现象，你的 AUC 可能会异常高，这可能表示数据泄露，也可能不是。

完全分离在线性分类（比如逻辑回归）中，特征的线性组合能完美地预测结果 y。在这种情况下，最小损失函数（很多时候是对数似然函数的负数）不存在。这通常发生在数据集较小、处理不平衡数据或使用连续变量并用阈值创建分类结果并将变量作为特征时。在后一种情况下，存在数据泄露。

准完全分离是特征的线性组合完美地预测了观测的子集。这种情况更为常见，当包含一个或多个虚拟变量时，可能会发生这种情况，这些虚拟变量组合起来会创建一个具有完美预测的观测子集。在这种情况下，你可能需要检查是否存在数据泄露。例如，可能有一条业务规则规定，交叉销售只能提供给居住在特定州且拥有最低任期的客户。如果你包含任期和州这两个虚拟变量，就会出现准完全分离和数据泄露。

来自准完全分离的现实伤痛

几年前，我团队中的一位数据科学家展示了一个分类模型的结果，该模型旨在提高公司的交叉销售活动效率。预测性能并不是很高，但考虑到他选择的特征，我确实认为它高得离谱。

当我请他打开黑匣子时，我们发现，预测性能最高的变量是一个州虚拟变量，而这个变量对于这个用例来说毫无意义（产品没有任何特征使其更适合该州的客户）。在与销售团队讨论了结果后，我们很快意识到，在过去的一个季度，交叉销售活动只针对该州的客户。事实上，销售团队在地理上轮换了活动，以避免被竞争对手识别。由于数据科学家包含了过去两个季度的数据，因此州虚拟变量导致了准完全分离。

许多人不愿意将此归为数据泄露，因为州虚拟变量在预测时是可用的。他们认为，这更可能是模型漂移的情况，因为部分 DGP 似乎会随着时间而改变。我更愿意将其归为元数据泄露，通过排除州虚拟变量可以轻松避免，因为 DGP 并没有真正改变（假设客户收到报价，那么他们接受或拒绝报价的潜在因素是相同的。但他们必须先收到报价）。

让我们使用潜在变量方法模拟这种情况，如第 9 章所述。数据生成过程如下：

$$x_1, x_2 \sim N(0, 1)$$
$$z = \alpha_0 + \alpha_1 x_1 + \alpha_2 x_2 + \in$$
$$y = \mathbf{1}_{z \geqslant 0}$$
$$x_{3i} = \begin{cases} 1 & \text{for i rand. selected from } \{j : y_j = 1\} \text{ with probability p} \\ 0 & \text{otherwise} \end{cases}$$

其中 $\mathbf{1}_{z \geqslant 0}$ 是一个指示变量，当下标的条件满足时取值为 1，否则取值为 0。

这个想法很简单：真实的 DGP 是一个具有两个协变量的二项潜变量模型，但我通过从 $y_i = 1$ 的观测值中随机不重复选择创建了第三个特征，用于训练。这样我就可以模拟不同的分离程度，包括完全分离和无分离的情况（分别为 p = 1

和 p = 0)。像往常一样，我训练了一个逻辑回归和一个梯度提升分类器（GBC），没有进行元参数优化。

我运行了 MC 模拟，图 11-3 绘制了所有实验中测试样本 AUC 的中位数的提升情况，其中我以无分离的情况为基线对所有情况进行了测试。你可以看到，分离会使 AUC 相对于基线增加高达 10% ～ 15%，具体取决于我使用的是逻辑回归还是 GBC。

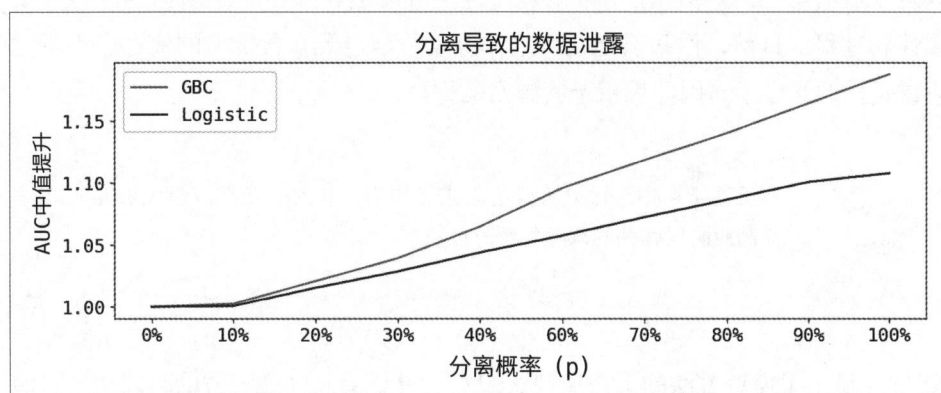

图 11-3：准完全分离的 AUC 的提升

这里的教训是，分离会增加分类设置中的 AUC，这可能表明需要进一步检查数据泄露。

11.4 窗口方法

现在我将介绍一种窗口方法，它应该有助于降低模型中数据泄露的可能性。如前所述，许多不同的原因可能导致数据泄露，因此这绝不是一种万无一失的技术。尽管如此，我发现它可以帮助你规范模型训练的过程，并减少一些最明显的泄露风险。

首先，我将学习过程分为两个阶段：

训练阶段

这个阶段是你将样本分为训练样本和测试样本以训练模型的阶段。

评分阶段

训练完模型并将其部署到生产环境后，就可以使用它来对样本进行评分。它可以是一次一个的预测，例如在线实时评分或对更大的样本进行评分。

容易被忽视的是，在机器学习（ML）中，评分阶段至关重要。它是如此重要，以至于我将第 12 章专门用于讨论确保这一阶段达到最佳状态所需的一些必要属性和过程。目前，你只需记住，这一阶段是创造大多数价值的地方，由于这应该是你的北极星，因此应赋予其崇高的地位。

> 在机器学习中，评分阶段起着主导作用，其他一切都应最大限度地提高此阶段预测的质量和及时性。

图 11-4 显示了窗口方法的工作原理。起点是得分阶段（最下方的时间线）。假设你想在时间 t_p 进行预测。这个时间划分出了两个窗口：

预测窗口

通常我们对预测事件或与事件相关的随机变量感兴趣。为此，需要为该事件的发生设置一个预测窗口 $(t_p, t_p + P)$。例如，你想预测客户是否会在未来 30 天内流失。或者你想预测公司在第一季度的收入。或者你可能想预测客户在阅读或观看完一本书或一部电影后是否会在接下来的两周内对其进行评分。

观察窗口

一旦你定义了预测评估的时间范围，你就需要定义要包含多少历史纪录来为你的预测提供信息 $[t_p - O, t_p]$。这个名字源于这样一个事实：这是我们在评分时观察到的信息，而且只有这些信息。

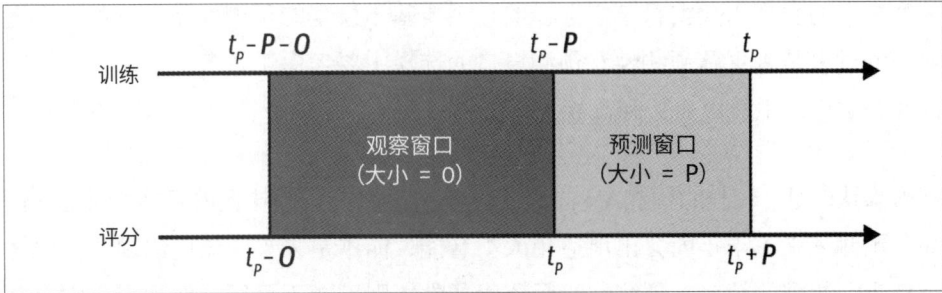

图 11-4：窗口方法

请注意，预测窗口在设计上是在左侧打开的：这有助于防止数据泄露，因为它明确地分离了你在预测时观察到的内容。

让我们通过一个例子来确保这些概念清晰。我想要训练一个客户流失模型，预测每个客户在下个月流失的可能性。由于评分阶段至关重要，假设我想要对今天（t_p）的所有活跃用户进行评分。根据定义，预测窗口从明天开始，并在明天后一个月结束。此时我必须能够评估是否有任何客户流失。为了进行这个预测，我将使用最近三个月的信息，因此这就是我的观察窗口。任何特征的转换都限制在这个时间范围内。例如，我可能认为最近的过去很重要，因此我可以计算四周前的每周互动次数与上周互动次数的比例（如果比率大于一，则表示上个月的参与度有所增加）。

11.4.1 选择窗户的长度

你可能想知道谁选择观察和预测窗口的长度，以及选择时考虑了哪些因素。表 11-1 总结了决定两个窗口的长度时的一些主要考虑因素。

表 11-1：选择窗口长度时的注意事项

	Prediction(P)	Observation(O)
负责人	业务 – 数据科学家	数据科学家
预测性能	长期预测 vs 短期预测的可行性	过去的相对重要性
数据	你在处理的历史数据	你在处理的历史数据

观察窗口的长度由数据科学家选择的，主要基于模型的预测性能。例如，临近现在的过去是否更具预测性？预测窗口的选择主要考虑了业务决策的及时性，因此，它应该主要由业务利益相关者决定。

必须承认的是，较长的预测窗口通常风险较小，因为预测错误的可能性较小（例如，预测未来一千年内会出现通用人工智能，而不是未来两年内出现）。但考虑到当前数据的粒度，预测的时间范围非常短则可能不可行（例如，当你只有每日数据时，预测客户是否会在未来 10 分钟内流失）。

最后，预测窗口的长度会影响观察窗口的长度。如果首席财务官要求我预测未来五年的收入，我可以选择使用较短的观察窗口和动态预测（在这种情况下，预测结果被连续用作特征），或者我可以使用足够长的观察窗口来进行如此艰巨的预测。

11.4.2 训练阶段与评分阶段相对应

在评分阶段定义这些窗口后，你就可以设置和定义训练阶段了。正如你从图 11-4 中所猜测的那样，训练阶段应该始终反映后期评分阶段发生的情况：训练阶段的观察窗口和预测窗口与评分阶段的观察和预测窗口一一映射，受到它们的约束。

例如，通常情况下，你会希望使用手头最新的数据来训练模型。由于你需要时间段 P 来评估你的预测，以及时间段 O 来创建你的特征，这意味着你需要将 $(t_p - P - O, t_p - P)$ 设置为你训练的观察窗口，并将 $(t_p - P, t_p)$ 设置为你训练的预测窗口。

正式定义这些窗口有助于你规范和限制你期望通过模型能实现的目标。一方面，它确保仅使用历史数据进行对未来的预测，从而防止常见的数据泄露问题。你可以在以下等式中更直接地看到这一点：

$$\text{Scoring} \; : y_{\left(t_p, t_p + P\right]} = f\left(X_{\left[t_p - O, t_p\right]}\right)$$

$$\text{Training} \; : y_{\left(t_p - P, t_p\right]} = f\left(X_{\left[t_p - P - O, t_p - P\right]}\right)$$

11.4.3 实现窗口方法

一旦定义了它们，你就可以使用类似下面的代码片段在代码中执行它们：

```
import datetime
from dateutil.relativedelta import relativedelta
def query_data(len_obs: int, len_pre: int):
    """
    Function to query the data enforcing the chosen time windows.
    Requires a connection to the company's database

    Args:
        len_obs (int): Length in months for observation window (O).
        len_pre (int): Length in months for prediction window (P).

    Returns:
        df: Pandas DataFrame with data for training the model.
    """
    # set the time variables
    today = datetime.datetime.today()
    base_time = today - relativedelta(months = len_pre)  # t_p - P
    init_time = base_time - relativedelta(months = len_obs)
    end_time = base_time + relativedelta(months = len_pre)

    init_str = init_time.strftime('%Y-%m-%d')
    base_str = base_time.strftime('%Y-%m-%d')
    end_str = end_time.strftime('%Y-%m-%d')

    # print to check that things make sense
    print(f'Observation window (O={len_obs}): [{init_str}, {base_str})')
    print(f'Prediction window (P={len_pre}): [{base_str}, {end_str}]')
    # create query
    my_query = f"""
      SELECT
          SUM(CASE WHEN date >= '{init_str}' AND date < '{base_str}'
          THEN x_metric ELSE 0 END) AS my_feature,
```

```
          SUM(CASE WHEN date >= '{base_str}' AND date <= '{end_str}'
          THEN y_metric ELSE O END) AS my_outcome
      FROM my_table
"""
print(my_query)
# connect to database and bring in the data
# will throw an error since the method doesn't exist
df = connect_to_database(my_query, conn_parameters)
return df
```

总而言之，窗口方法可以帮助你强制执行一个基本要求，即你只能使用过去来
预测未来。其他导致数据泄露的原因仍可能存在。

11.5 有数据泄露了：现在怎么办

一旦检测到泄露源，解决方案就是将其移除并重新训练模型。在某些情况下，
这很明显，但在其他情况下，这可能需要大量时间和精力。以下是你可以尝试
识别泄露源的方法：

检查时间窗口。

    确保始终使用过去的信息来预测未来。这可以通过严格执行上文所描述的
    时间窗口过程来实现。

检查所有已完成的数据转换并执行最佳实践。

    一个好的做法是使用 scikit-learn 管道（*https://oreil.ly/iOEs1*）或类似方法，
    以确保使用正确的数据集完成转换，并且没有矩泄露或元数据泄露。

确保你完全了解数据生成背后的业务流程。

    你对数据生成背后的过程了解得越多，就越容易在分类模型中识别出潜在
    的泄露源或准完全分离源。

迭代地删除特征。

    你应该定期运行诊断检查，以确定最具预测性的特征 [在某些算法中，你可
    以使用特征重要性（*https://oreil.ly/uW6PY*）]。结合你对业务的了解，这应
    该可以帮助你识别是否存在问题。你还可以尝试迭代地删除最重要的特征，
    以查看预测性能是否在迭代中发生显著变化。

11.6 关键要点

以下是本章的要点：

为什么要关心数据泄露？

当模型部署到生产中时，数据泄露会导致预测性能低于预期，与测试样本的预期性能相比并不理想。这会给组织带来挫败感，甚至可能危及利益相关者的信任。

识别泄露。

泄露的典型特征是测试样本的预测性能异常高。你必须依靠对问题的了解以及公司对这些模型的经验。向更有经验的数据科学家展示你的结果并与你的业务利益相关者讨论它们是一种很好的做法。如果你怀疑存在数据泄露，则必须开始检查你的模型。

怀疑有数据泄露时需要检查的事项。

检查你是否严格遵循了时间窗口流程，以保证你始终用过去的数据来预测未来，而不是反过来。另外，检查在数据转换中是否存在任何可能的矩泄露元数据泄露。

在 ML 中，评分阶段很重要。

机器学习模型的试金石是其在生产中的表现。你应该投入所有时间和精力来确保这一点。

11.7 扩展阅读

在我看来，大多数出版的书籍中关于数据泄露的描述都不太深入（许多只是顺便提到）。你可以在网上找到几篇有用的博客文章：例如，Christopher Hefele 在 ICML 2013 Whale Challenge 上对数据泄露的评论（*https://oreil.ly/j7B4l*）或 Prerna Singh 的帖子 "Data Leakage in Machine Learning: How it can be detected and minimize the risk" （*https://oreil.ly/G92H-*）。

Kaufman 等的 "Leakage in Data Mining: Formulation, Detection, and Avoidance" （ACM Transactions on Knowledge Discovery from Data 6 no. 4, 2012）是任何

有兴趣了解数据泄露的人必读的资料。他们将数据泄露分为两种类型：来自特征的泄露和来自训练示例的泄露。我决定稍微偏离这种分类。

关于完全分离和准完全分离问题的经典参考资料是 A. Albert 和 J. A. Anderson 的 "On the Existence of Maximum Likelihood Estimates in Logistic Regression Models"（Biometrika 71 no. 1, 1984）。Russell Davison 和 James MacKinnon 合著的《Econometric Theory and Methods》（Oxford University Press）第 11 章中也有介绍。

不良控制问题在因果推断和因果机器学习的文献中是广为人知的。据我所知，它最早是由 Angrist 和 Pischke 在《Mostly Harmless Econometrics》（Princeton University Press）中提出的。Carlos Cinelli 等的 "A Crash Course in Good and Bad Controls"（Sociological Methods and Research, 2022）中可以找到一项更近期的、更系统的研究。在本章中，我使用了不良控制定义的一个相当宽松的版本。

## 第 12 章

生产化模型

正如第 11 章所述，评分阶段在机器学习（ML）中占据主导地位，因为这是创造所有价值的部分。它非常重要，以至于增加了新的专业角色（例如 ML 工程师和 MLOps）来处理该阶段所涉及的所有复杂问题。然而，许多公司仍然缺乏专业人才，这项工作最终成为数据科学家职责的一部分。

本章针对数据科学家提供了可用于生产的模型的概览。在本章的最后，我将提供一些参考资料，让你更深入地了解这个相对较新的主题。

12.1 "生产就绪"是什么意思

在她的书《Designing Machine Learning Systems: An Iterative Process for Production-Ready Applications》（O'Reilly）中，Chip Huyen 指出，将机器学习模型投入生产或操作化的过程包括"部署、监控和维护（模型）。"因此，生产化模型的工作定义是它已经被部署、监控和维护。

更直接的定义是，当一个模型已准备好供最终用户使用时，它就可以算作"生产就绪"。这里的最终用户可以是一个人或者是一个系统。所谓"使用"是指利用预测分数，这可以在离线或在线进行，且可以由人类或其他系统或服务来完成（见图 12-1）。

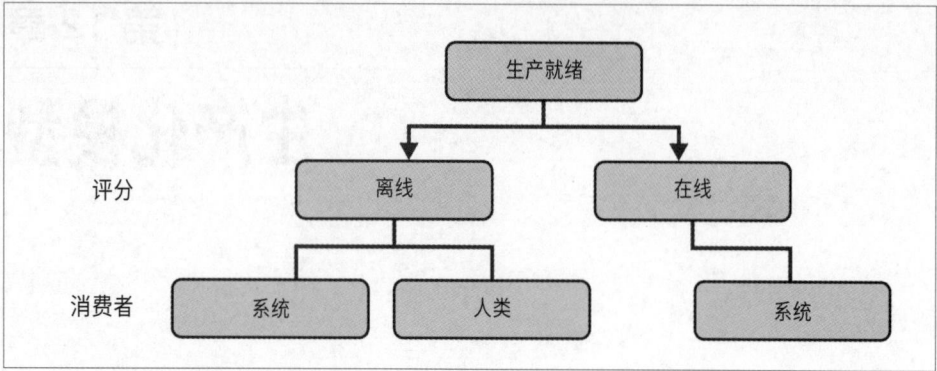

图 12-1：生产就绪模型的类别

12.1.1 批量评分（离线）

通常，批量评分需要根据给定的一组列或特征对表中的一组行（无论是客户、用户、产品还是任何其他此类实体）进行预测。这些分数保存在表中以供以后使用。

批量评分在以下情况下非常常见：

- 即使拥有最新的信息，预测性能也不会得到很大的提高。

- 你不必根据最新信息来做出决定。

- 你没有工程、基础设施或人才来部署模型以供实时使用。

例如，如果你想预测下个月的客户流失率，那么了解他们在过去一分钟的互动细节并不会显著提高预测的质量，因此批量评分是将模型投入生产的合适方法。

表 12-1 显示了如何将这些分数保存在表中。请注意，表的粒度为 customer_id x timestamp，这样你就可以有效地保存所有客户预测的历史记录。

表 12-1：批次评分的示例

Customer_id	Score	Observation(O)
1	0.72	*2022-10-01*
1	0.79	*2022-11-01*
2	0.28	*2022-10-01*
2	0.22	*2022-11-01*
…	…	…

这种设计可能非常适合人类使用，因为可以使用分析型数据库的简单 SQL 查询来检索数据；此外，如果将其作为数据模型的一部分（例如，数据仓库），则可以用于创建可能需要的更复杂查询。图 12-2 展示了如何实现这一点的简化示例。它显示了两个事实表（*https://oreil.ly/k05Co*），一个包含来自特定机器学习模型的评分，另一个来自业务（例如销售），以及几个维度表（*https://oreil.ly/5e3uH*）。事实表和维度表之间的链接表示这些表可以使用主键或次要键进行连接。将评分层设计为数据仓库的一部分可以方便其使用，因为这使得连接和筛选变得更加简单。

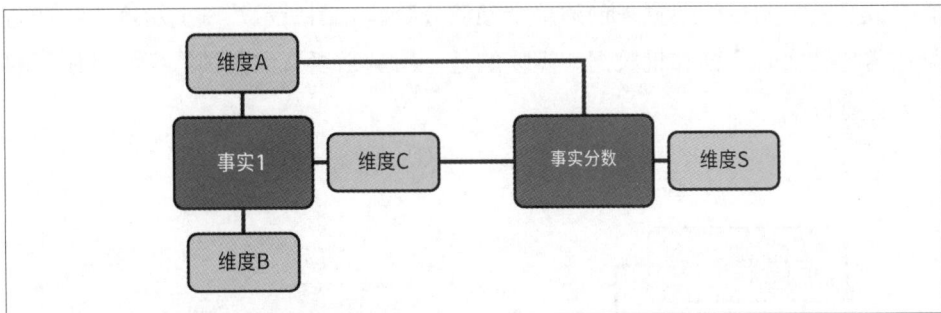

图 12-2：作为数据仓库一部分的 ML 评分

当延迟不是主要考虑因素之一时，最后一种设计也适用于系统或服务消费的情况。一个典型的用例是当评分会触发与客户的沟通时（例如，留存或交叉销售活动）。管道将首先查询数据库，可能筛选出最近的评分，然后将这些客户 ID 发送到发送电子邮件或短信的通信应用程序（见图 12-3）。

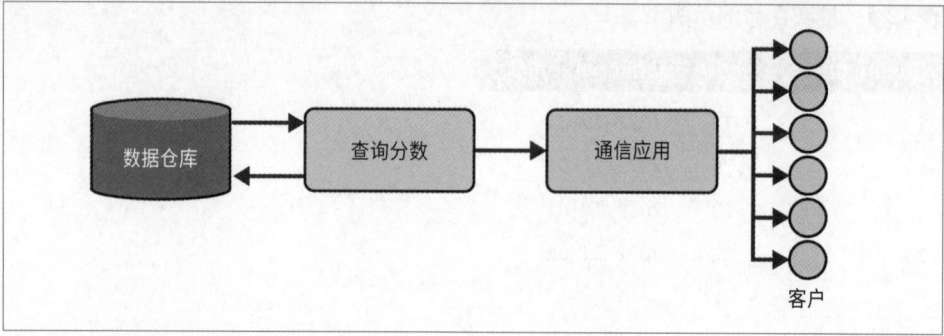

图 12-3：系统消费评分的管道

12.1.2　实时模型对象

实时模型通常不存储为表，而是存储为序列化对象，可以在新数据到达时在线使用。图 12-4 展示这个过程是如何工作的：你的模型存储在模型库中，可以是 S3 存储桶，也可以是更专业的工具，例如 MLflow（*https://mlflow.org*）或 AWS SageMaker（*https://oreil.ly/yzExy*）。

重要的是，这些对象可以被另一个服务使用，该服务获取一个特定示例（例如客户或交易）的最新数据来创建单个预测分数。如图所示，一个示例的特征向量通常包括实时数据和批数据。重要的是，向量必须与你在训练模型时使用的向量完全匹配。

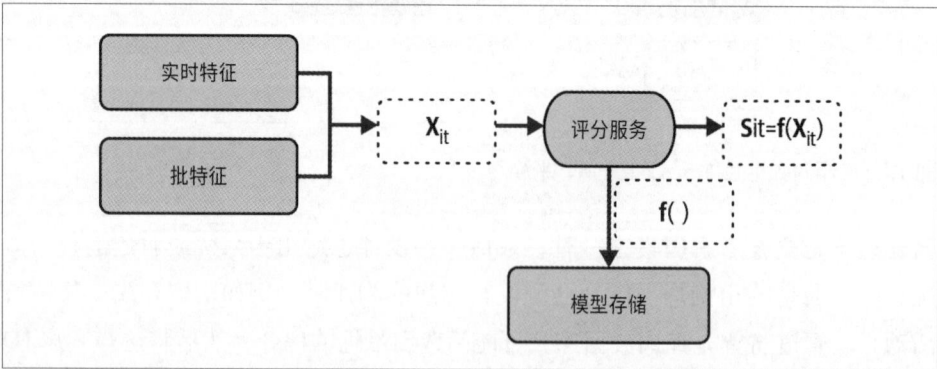

图 12-4：在线评分示例

从该图中你已经可以看到在线评分的复杂性：

数据架构

你的数据模型应该允许实时和批量查询数据，因此你最终可能需要类似
lambda 或 kappa（*https://oreil.ly/BTYlN*）架构。

功能即服务（FaaS）

你的设计还应该能够动态使用数据和模型对象，这通常通过云计算提供商
的 FaaS 和微服务架构实现。一旦产生了评分，它很可能会被另一项服务使
用，例如，该服务可能会根据评分和业务规则做出决策。

12.2 数据和模型漂移

思考机器学习的一种方式是，给定一些数据，尝试学习结果的数据生成过程
（DGP）。如果正确完成此操作，你可以根据类似数据做出预测：

$$\text{True DGP}: y = f(W)$$
$$\text{Learning the DGP}: \{y, X\}_t \implies \hat{f}()$$

第一个方程表示将结果变量与一组真实的协变量（W）联系起来的真实 DGP。
第二个方程显示了使用给定时间点可用的数据学习此 DGP 的过程，这些数据
包括结果（y）和特征（X）。请注意，这些特征集不必与真实的协变量完全一致。

由于评分至关重要，因此无论何时进行预测，你都应该关心预测的质量。模型
的性能会随时间而变化，主要有两个原因：数据漂移或模型漂移。当数据的联
合分布随时间变化时，就会出现数据漂移。当底层 DGP 发生变化时，就会出
现模型漂移。如果你不定期重新训练模型，数据或模型漂移将导致预测性能下
降。因此，你应该确保在生产流程中包含适当的监控，以及定期重新训练。

许多人起初很难理解模型漂移，因此让我用两个例子来解释这个概念。假设你
想尝试一次伽利略倾斜塔实验（*https://oreil.ly/k0Apk*），在这个实验中，你将
一个静止的网球从选定的高度放开，目的是测量其落地所需的时间。你收集高
度和时间的测量值 $\{x_t, t\}$，并估计一个线性回归，如下所示：

$$x_t = \alpha_0 + \alpha_1 t + \alpha_2 t^2 + \in$$

真正的 DGP 由物理定律给出，特别是表面重力定律，因此如果你在火星或地球上进行实验，它会有所不同。[注1]

另一个更贴近业务的例子与趋势和影响者有关。冒着过于简单化的风险，我假设你的产品被某个客户 i 购买的概率取决于其价格和其他因素：

$$\text{Prob}(\text{purchase}_i = \text{True}) = g_i(p, \text{stuff})$$

这是客户 i 的 DGP，我并不知道它具体是什么，但我敢打赌，如果突然之间 Jungkook（*https://oreil.ly/oFkaY*）开始在社交媒体上推广它，那么它可能会发生变化。具体来说，我预计喜欢韩流并关注他的客户群体的价格敏感性会较低。旧的 DGP $g_i()$ 已经漂移到某种像 $\tilde{g}_i()$ 的状态。

模型漂移的警示故事：Zillow Offers

在 2021 年，房地产市场平台 Zillow 遭受了超过 5 亿美元的损失，这是模型漂移最为人知的案例之一。为了理解发生了什么，想象一下你拥有一个良好的房地产价格预测模型；你可以在预测到价格将会上涨时购买房地产，并在价格差异中获利（低价买入，高价卖出）。

Zillow Offers 是一个尝试这样做的产品。长话短说，起初它的表现很好，因此公司扩大了该产品的规模，但在某个时点模型开始漂移，预测不再准确。公司最终拥有的房产只能以亏损的方式出售。如果 Zillow 对其模型进行了监控和重新训练，它本有机会学习新的 DGP 并做出正确的购买决策。

12.3 任何生产流程中的基本步骤

图 12-5 显示了大多数机器学习管道应包含的最基本步骤。根据第 11 章的建议，我将评分阶段和训练阶段分开处理，但它们共享几个阶段。我还使用较浅的灰色来表示用于监控目的的元数据存储阶段。接下来，我将更详细地描述每个阶段。

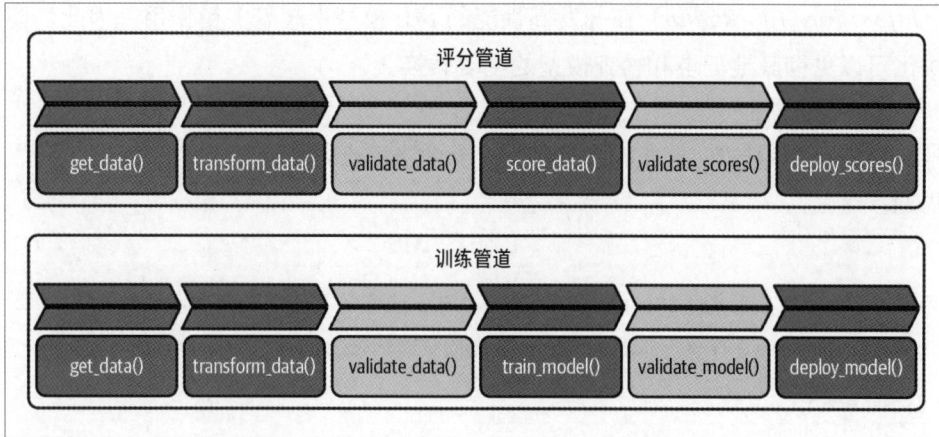

图 12-5：通用生产管道

12.3.1 获取和转换数据

顾名思义，`get_data()` 阶段会创建连接并查询数据源；给定原始数据，`transform_data()` 步骤会应用一组预定义的输入对表的部分或全部列进行内存转换。第一种方法通常基于 SQL，而后一种方法可以使用 Python（或 Spark）运行。

虽然我已经将两个阶段分开，但根据问题的性质，将它们合并为一个独特的阶段可能是明智的。让我们考虑一下建立这种模块化分离的利弊。

虽然模块化通常是一种很好的做法，可以实现更清晰、更快速地调试以及数据和模型管理，但它可能会带来计算成本或限制，而将这两项操作都放到查询引擎可以更好地解决这些问题。这一点尤其正确，因为查询引擎通常经过优化并拥有处理大型数据集的资源，而你最终可能会用更少的资源来转换实际需要的较小数据子集。

另一方面，SQL 非常适合查询表格数据，但它可能没有提供足够的灵活性来实现复杂转换，而使用 Python 或 Spark 则更容易实现。

此外，分离可以实现一个集中且独立的转换阶段。这很重要，因为特征工程（*https://oreil.ly/R6dhb*）在开发高性能的 ML 模型中起着关键作用。因此，模块化可以更彻底地记录和检查模型的主要转换。

最后，将每个阶段分成独立的模块有利于更快地进行代码审查，从而缩短部署周期。

> 如果某些转换的进行受限于内存，但你的查询引擎可以执行一些高内存计算，则有时建议将部分或全部转换放到查询阶段。

你可能正确地怀疑这些阶段是由训练和评分管道共享的，这也解释了我为何决定使用类似于函数的符号。如果你使用的是窗口方法论，例如第 11 章中描述的那种，get_data() 方法可以轻松地参数化以查询给定时间窗口的数据。

训练管道中 transform_data() 阶段的输出是训练模型所需的最终数组；对于监督学习，它的结果将如下所示：

transform_data(get_data(Data)) $\Rightarrow$ y, X

对于评分数据，它只是一个特征 X 的数组。

12.3.2 验证数据

这是每个管道的第一个监控阶段，用于存储元数据并针对数据漂移的存在发出警告。此阶段可分解为两个子阶段：

1. 计算并保存统计数据。计算一组预定义的输出和特征分布的统计数据，并保存在表中。

2. 测试数据漂移。根据刚刚保存的当前和历史统计数据，运行测试以查看变化是纯噪声还是信号导致的。输出结果应该是创建警报还是不创建警报。

表 12-2 显示了存储公司所有模型的分布元数据的表格示例。此表格可用于存储所有模型的结果和特征的十分位数，以及训练和评分阶段的十分位数，因此只需通过进行筛选即可轻松用于报告、测试和监控。

表 12-2：十分位数表格示例

Model	Stage	Metric	Decile	Value	Timestamp
churn	training	outcome	d1	100	2022-10-01
…	…	outcome	…	…	…
…	…	outcome	d10	1850	2022-10-01
churn	training	feature1	d1	-0.5	2022-10-01
…	…	feature1	…	…	…
…	…	feature1	d10	1.9	2022-10-01
…	…	…	…	…	…

在这个例子中，我选择保存数据集中每个变量的十分位数，因为它们从相应的分布中捕获了相当多的信息。

对于测试，有很多替代方案。如果你有足够的历史纪录，并希望遵循传统的假设检验路线，你可以对每个指标和十分位数 ($d_{m,t}$) 运行回归分析，例如：

$$d_{m,t} = \alpha_m + \beta_m t + \epsilon_{m,t}$$

其中 t 作为一个特征，表示时间趋势：如果 β_m 的 p 值低于所需的阈值水平（10%、5%、1%），则可以拒绝参数为 0 的原假设，因此可以证明指标 m 漂移。

或者，你可以使用类似于第 9 章计算历史分布中的上分位数和下分位数，并检查新观测值是否位于该置信区间内（例如，要计算 95% 置信区间，需计算 $q_{2.5\%}$, $q_{97.5\%}$）。

有些人更喜欢运行 Kolmogorov-Smirnov（*https://oreil.ly/4j73f*）测试，因此你可能需要保存不同的元数据集，但逻辑是相同的。

> 无论你决定使用什么，我的建议都是保持简单。通常，你只需要一个绘制元数据的仪表板，这样你就可以在发生变化时设置使其发出简单的警报。
>
> 当你将模型投入生产时，通常情况是越简单越好。

12.3.3 训练和评分阶段

准备好训练数据后，即可进行正式的训练过程，通常执行以下操作：

1. 将样本分为训练、测试和验证子样本。

2. 优化元参数并最小化损失函数。

train_model() 阶段的输出是一个模型对象，可以用于预测：

train_model(transform_data(get_data(Data))) ⇒ f()

类似地，score_data() 方法使用一些特征 X 来生成预测或分数：

score_data(transform_data(get_data(Data)), f()) ⇒ ŝ

如前所述，这个分数可以保存在表中以供离线使用，或者传递给另一个服务以供在线使用。

12.3.4 验证模型和评分

在继续之前，最好再次保存一些元数据，这将有助于为模型或数据漂移时发出警报。在这个阶段，我喜欢在 validate_data() 中创建相同的元数据，但只传递测试样本评分（validate_model()）或实际评分（validate_scores()）。如果你遵循这个方法，你实际上可以重用前面的方法，但只是在不同的阶段和管道之间传递不同的数据集；其他一切都会被自然而然的处理（例如更新元数据表和警报）。

请注意，对于在线消费，你需要收集足够的数据进行验证，但本质上逻辑是相通的。

12.3.5　部署模型和评分

顾名思义，这阶段的目的是保存模型和评分。对于训练管道，你必须序列化模型对象并使用某些持久存储（例如磁盘、S3 存储桶等）保存它。采用良好的命名（*https://oreil.ly/r8tzX*）和版本控制（*https://semver.org*）约定将有助于对模型进行分类。

模型序列化这个话题很重要而且技术性很强，所以我将在本章末尾提供更多参考资料。

评分的部署取决于消费是离线还是在线。在离线评分中，你只需将评分写入表中即可供消费。在在线评分中，你不仅应该让评分可供其他服务使用，还应该将其存储在表中。

12.4　关键要点

以下是本章的要点：

评分至关重要。将模型投入生产应该是你的首要任务，因为只有生产上的模型才能为组织创造价值。

什么是已准备好投入生产的？
　　当模型可供使用时，它才是有效的。由于大多数情况下模型会在不同的时间段被使用，因此你必须创建一个流程来保证模型具有持久的预测性能。

模型和数据漂移。

当结果的数据生成过程发生变化时，就会出现模型漂移。数据漂移是指结果或特征分布的变化。如果不加以处理，数据和模型漂移会导致模型的预测性能随时间下降。避免漂移的最佳方法是以循环方式重新训练模型。

生产管道。

为生产管道设置一个最小结构是很好的。在这里，我建议使用模块化和独立的训练和评分管道，共享一些方法或阶段。重要的是，你应该包括创建和存储元数据的阶段，以便在出现模型或数据漂移时发出警报。

把事情简单化。

生产部署是一系列复杂的步骤，因此建议尽可能简化每个步骤。不必要的复杂性可能会累积，使得在问题出现时（而问题肯定会出现）很难找到问题的源头。

12.5 扩展阅读

《Designing Machine Learning Systems》由行业专家 Chip Huyen 撰写，非常棒，提供了本章遗漏的许多关键技术细节。我强烈推荐这本书。

我发现 Valliappa Lakshmanan 等的《Machine Learning Design Patterns: Solutions to Common Challenges in Data Preparation, Model Building, and MLOps》（O'Reilly）非常有用。其目的是综合一套可以全面使用的 ML 设计实践。由于它是由三位 Google 工程师编写的，你会发现他们的示例广泛依赖于 Google 的基础设施，因此很多时候很难将其迁移到其他云服务提供商。但如果你能够消除这种麻烦，你会发现这本书是一本很棒的读物和资源。

Kurtis Pykes 的博客文章"5 Different Ways to Save Your Machine Learning Model"（*https://oreil.ly/2Lsuq*）讨论了序列化 ML 模型的不同方法。

Lu 等的《Learning under Concept Drift: A Review》（2020 年 4 月，来自 arXiv（*https://oreil.ly/3dRLZ*）对概念漂移进行了全面的回顾，有时（*https://oreil.ly/RBHY2*）涵盖数据和模型漂移。

关于 Zillow Offers 模型漂移的案例，你可以阅读 Jon Swartz 的 MarketWatch 文章（2021 年 11 月），"Zillow to Stop Flipping Homes for Good as It Stands to Lose More Than \$550 Million, Will Lay Off a Quarter of Staff"（*https://oreil.ly/J-lWA*）或 Anupam Datta 的 "The Dangers of AI Model Drift: Lessons to Be Learned from the Case of Zillow Offers"（*https://oreil.ly/NMo5A*）（《The AI Journal》，2021 年 12 月）。

第 13 章

机器学习中的故事讲述

在第 7 章中，我认为数据科学家应该成为更好的讲故事的人。这在一般情况下是正确的，但对于机器学习（ML）来说，它特别的重要。

本章将带你了解机器学习中讲故事的主要方面，从特征工程，到可解释性问题。

13.1 机器学习故事讲述的全过程

讲故事在机器学习中扮演着两个相关但又不同的角色（见图 13-1）。最广为人知的角色是销售人员，你需要与受众互动，可能是为了获得或维持利益相关者的认同，这个过程通常在你开发出模型之后进行。不太为人所知的角色是科学家，你需要找到能够指导你开发模型的整个过程的假设。

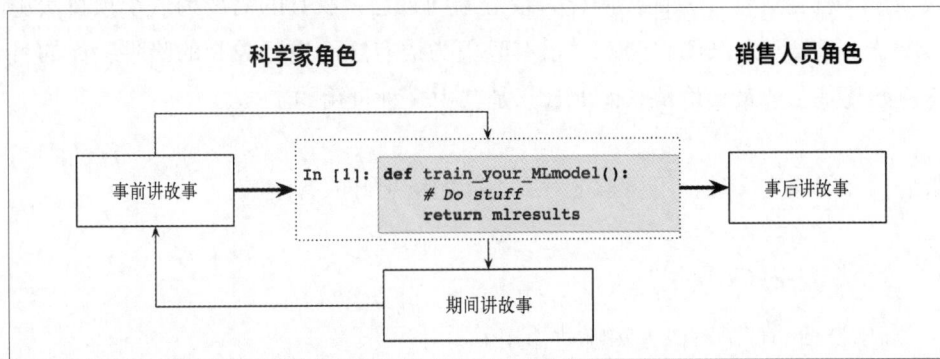

图 13-1：机器学习中的故事讲述

由于前者发生在你开发模型之后，我称之为事后讲述；你的科学家角色大多是在训练模型之前（事前）和期间介入的。

13.2 事前和期间讲故事

事前讲故事主要有四个步骤：问题定义、提出假设、特征工程和训练模型（见图 13-2）。尽管它们通常是按这个方向流动的，但它们之间存在反馈循环，因此在训练第一个模型后，对特征、假设甚至问题本身进行迭代的情况并不少见。

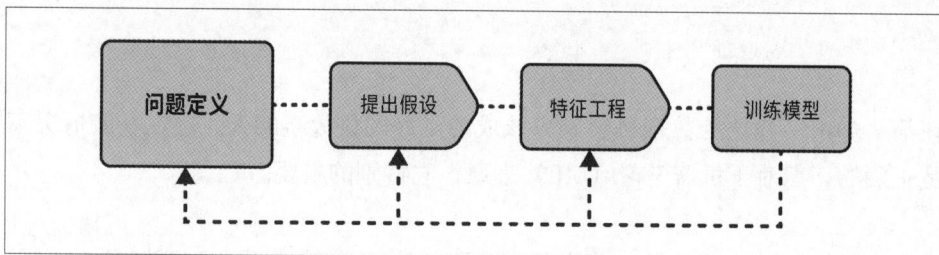

图 13-2：事前讲故事

第一步始终是问题定义：你想预测什么以及为什么预测？最好尽早完成这项工作，并与利益相关者合作，以确保他们认同，因为许多有前途的 ML 项目因此失败。

回想一下第 12 章，一个模型只有在投入生产后才会发挥作用。部署到生产环境是一项昂贵的工作，不仅在时间和精力方面，而且在你本可以进行的其他替代项目（机会成本）方面。因此，最好问问自己：我真的需要为这个项目实施 ML 吗？不要陷入仅仅因为 ML 很有吸引力或有趣而进行 ML 的陷阱：你的目标应始终是创造最大价值，而 ML 只是其中一种可用的工具。

最后，在问题定义时，不要忘记对以下问题给出好的答案：

- 这个模型将如何使用？

- 利用模型的预测可以发挥哪些作用？

- 它如何提高公司的决策能力？

对这些问题的合理回答将有助于开发 ML 模型的商业案例，从而增加成功的可能性。

作为一般建议，越早让利益相关者参与问题的定义越好。这有助于从一开始就获得利益相关者的认可。还要确保 ML 是解决当前问题的合适工具：部署、监控和维护模型的成本很高，因此你应该有一个良好的商业案例。

13.2.1 提出假设

有了明确定义的问题，你现在可以切换到科学家角色并开始为手头的问题提出假设。这些假设中的每一个都是关于你预测的驱动因素的故事；从这个特定意义上讲，科学家也是讲故事的人。成功的故事可以提高模型的预测性能。

此时，关键问题是：我预测什么，以及是什么推动了这一预测？图 13-3 显示了预测问题类型及其与可用操控之间关系的高层次概览。了解操控对于确保 ML 模型创造价值至关重要（第 1 章）。

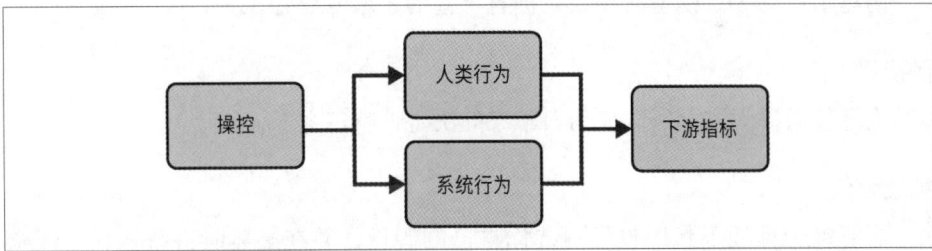

图 13-3：操控－行为－指标流程图

由此可推断，绝大多数预测问题都属于以下类别中的一种：

来自人类行为的指标

很多时候，你关心的指标取决于你的客户以某种特定方式行事。例如，我的用户会点击横幅广告吗？他们会以参考价格购买产品吗？他们下个月会流失吗？他们会在市场上花多少钱？

来自系统行为的指标

指标还取决于系统的性能。最著名的例子之一是数据中心优化，更具体地说，是解决数据中心的冷却问题（*https://oreil.ly/5guWh*）。另一个是预测网页的加载时间，这已被证实（*https://oreil.ly/xXtbS*）会直接影响客户流失指标。

下游指标

很多时候，你只关心下游指标的汇总，比如收入。这在直接从事财务规划和分析（FP&A）的数据科学家中最为常见。

> 许多数据科学家在创建和设计具有预测性的特征的过程中遇到了困难。一般建议始终先写下并与他人讨论预测问题的假设列表。只有这样，你才能继续进行特征工程的过程。不要忘记写下你认为假设可能正确的理由。只有有了这些理由，你才能挑战你的逻辑并改进给定的故事。

针对你的问题提出假设的一些高层次建议是：

非常了解你的问题。

构建出色的 ML 模型的秘诀是拥有丰富的领域专业知识。

保持好奇心。

这是数据科学家之所以成为科学家的决定性特征之一。

挑战现状。

不要害怕挑战现状。包括挑战你自己的假设，并在必要时进行迭代（注意是否存在确认偏差的迹象）。

话虽如此，让我们来讨论一些关于如何发现和制定假设的更具体的建议。

预测人类行为

为了预测人类行为，始终记住人们会做他们想做的事情和能做的事情。你可能想去意大利，但如果你负担不起（金钱或时间方面），你就不会去。每当你想要预测人类行为时，品位和资源可用性都是最重要的，这可以帮助你为你的问题提出假设。

思考动机也会迫使你认真思考你的产品。例如，为什么有人想买它？价值主张是什么？哪些客户愿意为此付费？

挑战现状：来自第一线的经验教训

不久前，我团队的一位数据科学家正在建立一个预测模型，以交叉销售一款相对较新的产品，而该产品在获得市场关注和规模方面遇到了困难。这款产品的价值主张相对较弱，因此了解哪些客户愿意使用并为其付费非常困难（因此，构建一个预测模型也同样困难）。

我与她合作，经过一番努力来理解产品、价值主张和我们的客户，我们最终得出了结论：除非对产品进行重大的重新设计，否则我们将无法实现产品与市场的契合。我们花了将近一年时间来说服利益相关者，这确实是事实，在某些时候，他们中有几个人对我们的研究结果并不满意。

另一个技巧是利用你的能力去理解你的客户；问问自己，如果你是他们，你会怎么做？当然，越容易设身处地为他们着想越好（对我来说，设身处地为网红或职业拳击手着想真的很难）。这个技巧可以让你走得很远，但请记住，你可能不是你的典型客户，这让我想到了下一个技巧。

至少在开始时，要以理解和对普通客户进行建模为目标。首先，你应该正确理解一阶效应，这意味着对平均分析单位进行建模将为你带来相当多的预测性能。我见过许多数据科学家开始假设极端情况，而根据定义，这些情况对整体预测性能的影响可以忽略不计。极端情况很有趣也很重要，但对于预测来说，最好从平均情况开始。

预测系统行为

前面的一些评论也适用于预测系统。主要区别在于，由于系统缺乏目的或感知能力，你可以将自己限制在理解技术瓶颈上。

显然，你必须掌握系统的技术细节，并且你对物理限制的了解越多，就越容易提出假设。

预测下游指标

下游指标的预测在某种程度上比预测由人类或系统行为导致的单个指标更难，也更容易。这是因为，与潜在驱动因素的距离越远，指标的假设就越弱且越分散。此外，构建关于这些驱动因素的故事也变得更加困难，其中一些故事可能会叠加并导致更高层次的复杂性。

尽管如此，很多时候，你可以通过一些简单的方法，利用时间和空间的相关性来创建特征。从某种意义上讲，你接受你想出的任何故事都会被简单的自回归结构击败，这种结构在时间序列和空间自回归模型中很常见。

13.2.2 特征工程

一般来说，特征工程的过程需要将假设转化为可测量的变量，这些变量具有足够的信号来帮助算法学习数据生成过程。最好将其分为几个阶段，如图 13-4 所示。

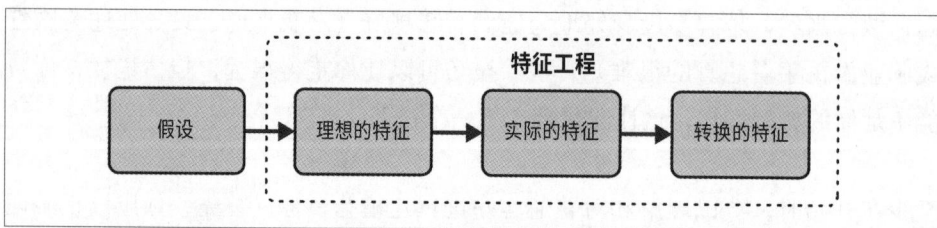

图 13-4：特征工程流程图

特征工程的阶段包括：

创建一组理想的特征。

　　如果你能够精确测量一切，第一步就是将你的假设转化为理想特征。这一步很重要，因为它可以让你为第二阶段设定基线。

一个例子是意向性对早期流失的影响，早期流失被定义为那些尝试过产品一次就离开的客户。一种假设是，这些客户并没有真正打算使用该产品 [因为他们只是在尝试，或者销售采用的推式策略（*https://oreil.ly/HDGj-*），或者存在销售欺诈等]。如果你能问他们，他们能如实回答，那不是很好吗？不幸的是，这并不实际或无法实现。

用现实的特征近似理想的特征。

如果你意识到理想的特征集合不可用，你需要寻找良好的代理特征，即与理想特征相关的特征。很多时候，相关程度可能非常低，因此你需要接受包含与原始假设相关性非常弱的控制变量。

后者的一个例子是文化如何影响你的品位，从而影响你购买某种产品的可能性。例如，可能存在文化差异来解释为什么不同国家的用户决定接受或拒绝浏览器中的 Cookies（来自某些国家的人可能对共享此信息更为敏感）。不必说，衡量文化是困难的。但如果你怀疑国家层面的差异将捕捉到文化假设的很大一部分变异，你所需要做的就是包含国家虚拟变量。这是一组相对较弱的特征，因为它们将在这个层面上代理任何特征，而不仅仅是文化（例如，监管环境的差异）。

特征转换。

这是通过对特征应用一组转换来从特征中提取最大信息量的过程。请注意，我与文献略有不同，因为大多数关于特征工程的教科书都专门提到这个阶段。

此阶段涉及以下转变：扩展（*https://oreil.ly/Hak0v*），二进制化和独热编码（*https://oreil.ly/ralbT*），缺失值的估算（*https://oreil.ly/MhGuK*），特征交互（*https://oreil.ly/bT-1q*）等。我在本章末尾提供了几个参考资料，你可以在其中查阅大量可用的转换。

重要的是，转换取决于你的数据和你选择的算法。例如，使用分类和回归树，你可能不需要自己处理异常值，因为算法会为你处理。同样，对于一般非线性算法（如树和基于树的集成），你不需要包含乘法交互。

示例：销售预测

假设你想预测某个地理区域 (g) 的销售情况。这种模型的典型使用场景是，当你想要将销售团队引导到模型预测的销售潜力最高的地点时。

我将使用第二章中的一个技巧来使故事更清晰：

$$sales_g = TAM_g \times \frac{sales_g}{TAM_g} = TAM_g \times Prob(unit\ sale\ in\ g)$$

这只是说，区域 g 的总销售额必须等于全部区域的市场总量 (Total Addressable Market，TAM)，乘以该区域内发生销售的概率。

通过这样做，而不是为每个地方的销售数量都做出假设，我现在可以专注于能帮助我预测 TAM 的故事，以及解释公司为何销售的故事。后者涉及人类行为，前者是一个汇总指标。

为了对 TAM 进行建模，我首先需要了解我的目标客户是谁，然后找到关于他们为何聚集在某些地点的故事。例如，为了预测这本书的 TAM，我想估计某个地点的数据科学家的数量。一个合理的推论是，数据科学家通常是在企业需要他们的地方。我可以进一步完善这个故事，认为公司规模很重要（因为需要大量数据才能使数据科学家的商业案例具有积极意义，但也因为数据科学家相对昂贵，只有足够大的公司才能聘请他们），行业构成也很重要（因为资本密集型行业可能比劳动密集型行业拥有更多的自动化系统生成的数据，或者因为监管压力，抑或因为市场集中度的差异），而且人口规模和年龄分布也很重要（因为这个领域相对较新，年轻人，但不是太年轻的人，更愿意投资学习像数据科学这样艰难的技术学科）。这些假设指导我需要寻找哪种类型的数据来解决这个预测问题。

为了建模销售发生的概率，必须有既想要又能承担产品费用的人（需求），并且产品必须在这些地点可用（供应）。模拟需求的理想特征是消费者对产品的偏好以及家庭收入。偏好通常很难获得，但可以通过公司之前在每个地点的销售情况或在线搜索行为（例如 Google 趋势或类似供应商提供的数据）来近似。供应方数据更容易获得，因为我应该知道公司及其竞争对手是否在不同地点开展业务。

13.3 事后讲故事：打开黑盒子

事后讲故事的问题主要在于理解为什么你的模型会做出这样的预测，最具预测性的特征是什么，以及这些特征与预测有何关联。你想向观众传达的两个要点是：

- 该模型具有增量预测能力，即预测误差低于基础替代方案的预测误差。

- 该模型很有意义。一个好的做法是开始讨论假设、如何建模以及它们如何与结果保持一致。

一般来说，如果你能理解模型预测的驱动因素，那么这个模型就是可解释的。局部可解释性旨在理解特定的预测，比如为什么一个客户被认为极有可能拖欠贷款。全局可解释性旨在提供对特征如何影响结果的一般理解。这个主题值得一本书的篇幅来介绍，但在本章中，我只能深入探讨更实际的问题，具体来说，我将只介绍实现全局可解释性的方法，因为我发现这些方法对于讲故事最有用。

在打开黑盒子之前，请确保你的模型具有足够的预测性能，并且没有数据泄露。你需要投入足够的时间和精力进行事后讲故事，所以你最好从一个好的预测模型开始。

此外，在展示绩效指标时，尽量让它们尽可能地与受众相关。常见的指标 [例如均方根误差（RMSE）或曲线下面积（AUC）] 对于你的业务利益相关者来说可能难以理解。通常值得花些精力将它们转化为精确的业务成果。例如，如果你的 RMSE 降低了 5%，那么业务如何变得更好？

13.3.1 可解释性和性能的权衡

可以说，理想的 ML 算法既具有高的预测性能又可解释。不幸的是，可解释性和预测性能之间通常存在权衡，因此，如果你想实现更小的预测误差，就必须放弃对算法内部发生的事情的部分理解（见图 13-5）。

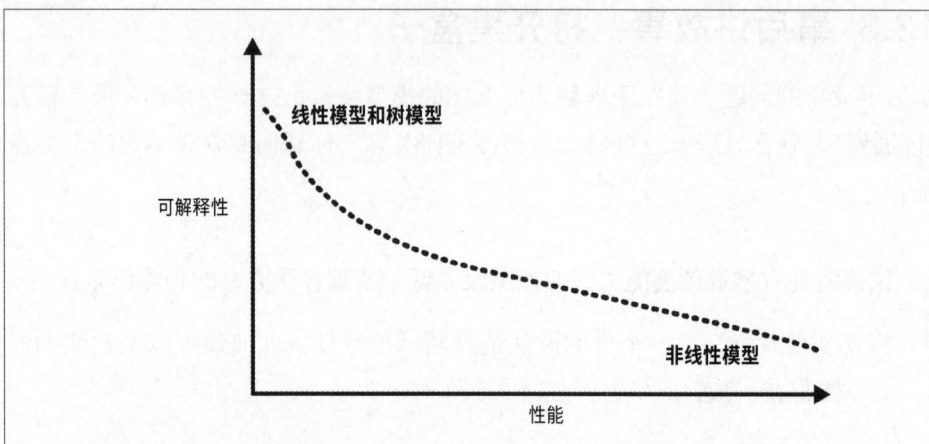

图 13-5：可解释性和性能的权衡

一方面，线性模型通常被认为具有高度可解释性，但预测性能不佳。这组模型包括线性回归和逻辑回归，以及非线性学习算法，如分类树和回归树。另一方面，是更灵活且高度非线性的模型，如深度神经网络、基于树的集成模型和支持向量机。这些算法通常被称为黑箱学习器。我们的目标是打开黑盒子并更好地了解正在发生的事情。

在继续之前，你可能认为不需要解释结果，因此让我们简单讨论一下为什么你可能需要这样做：

采用和认可
    许多人需要了解预测的原理，才能接受预测的正确性，从而采纳预测。这种情况在不熟悉机器学习方法的组织中最为常见，决策通常采用数据驱动的方法，这种方法需要大量的直觉。如果你能够为利益相关者打开黑盒子，你可能会发现利益相关者更容易接受你的结果并支持你的项目。

在现实世界的预测性能较低
    打开黑盒子是检测和纠正数据泄露等问题的最有效方法之一（第 11 章）。

道德和监管要求
    在某些行业，公司实际上需要解释做出某个预测的原因。例如，在美国（*https://oreil.ly/5zj9j*），"Equal Opportunity Act"赋予任何人询问拒绝信贷的原因的权利。欧洲"General Data Protection Regulation"（GDPR）也适用类似的标准。即使你没有被要求这样做，你也可能希望通过打开黑盒子来验证预测和后续决策是否遵循最低道德标准。

13.3.2 线性回归：设置一个基准

线性回归为理解可解释性提供了一个有用的基准（参见第 10 章）。考虑以下简单的模型：

$$y = \alpha_0 + \alpha_1 x_1 + \alpha_2 x_2 + \in$$

通过对底层数据生成过程做出强线性假设，你可以立即得到：

影响方向性

 每个系数的符号告诉你，在控制所有其他特征后，该特征与结果呈正相关还是负相关。

影响数量

 每个系数被解释为在其他特征保持不变的情况下，每个特征每变化一个单位时结果的变化。重要的是，如果没有进一步的假设，就无法给出因果解释。

局部可解释性

 通过前两项，你可以断言为什么会做出任何单独的预测。

有些数据科学家犯了一个错误，他们把系数的绝对值解释为相对重要性。要了解为什么这行不通，请看以下模型，收入表示为销售队伍规模和付费营销的支出（搜索引擎或 SEM）的函数：

$$revenue = 100 + 1000 \times Num.\ sales\ execs + 0.5 \times SEM\ spend$$

这意味着，平均而言，保持其他因素不变，每个增加：

- 每增加一名销售主管，收入将增加 1000 美元。

- 在 SEM 上花费的每一美元（例如，在 Google、Bing 或 Facebook 广告上出价）都会带来 50 美分的收入增加。

你可能会得出这样的结论：与付费营销支出相比，扩大销售队伍的规模对你的收入更重要。不幸的是，这是一个苹果和橘子之间的比较，因为每个特征的衡量单位不同。用相同单位衡量所有内容的一个技巧是对标准化特征进行回归分析：

$$y = \beta_0 + \beta_1 \tilde{x}_1 + \beta_2 \tilde{x}_2 + \eta$$

where $\tilde{z} = \dfrac{z - \text{mean}(z)}{\text{std}(z)}$ for any variable z

请注意，标准化变量上的回归系数通常与原始模型中的回归系数不同（因此有不同的希腊字母），因此具有不同的解释：通过对所有特征进行标准化，你可以用标准差为单位进行测量（无单位是一个更好的术语），确保你在进行比较时是公平的。然后你可以说诸如：x_1 的重要性超过 x_2，因为 x_1 每增加一个标准差会比 x_2 增加一个标准差带来更多的收入。

这里的诀窍是找到一种方法将原始单位转换为通用单位（在本例中为标准差）。但任何其他通用的单位也可以。例如，假设每增加一名销售主管，平均每月要花费 5000 美元。由于营销支出已经以美元计算，因此你最终可以说，平均而言，每增加一美元投入，就会带来：

- 销售主管可以带来 20 美分的收入增长。
- 付费营销可带来 50 美分的收入增长。

虽然最后一种方法也有效，但标准化是一种更常见的方法，可以找到所有特征的通用单位。需要记住的重要一点是，你现在可以以某种有意义的方式对特征进行排序。

图 13-6 绘制了具有两个零均值正态分布特征（x_1, x_2）的模拟线性模型的估计系数以及 95% 置信区间，如前面的方程所示。特征 z_1, z_2, z_3 是与 x_2 相关的附

加变量，但与结果无关。重要的是，我设置了真实参数 $\alpha_1 = \alpha_2 = 1$ 且 $Var(x_1) = 1$，$Var(x_2) = 5$。这有两个影响：

- 它增加了第二个特征的信噪比，从而使其更具信息量。

- 它增加了真实系数：$\beta_2 = \sqrt{5}\alpha_2$。[注1]

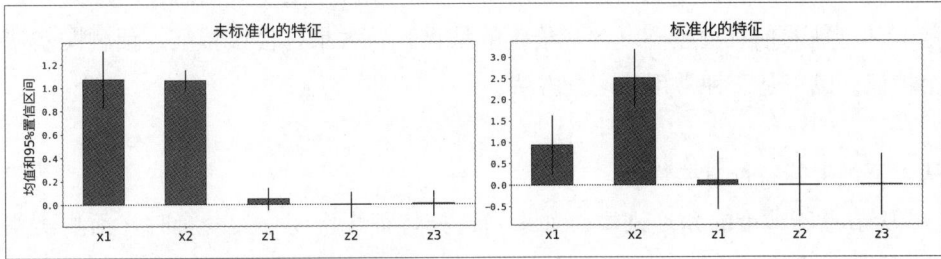

图 13-6：线性特征与标准化特征的回归

通过标准化这两个特征，值得注意的是，第二个特征在重要性方面排名更高，如前所述。多亏了置信区间，你还可以得出结论，最后三个特征没有信息量。统计方法的替代方法是使用正则化，例如在 Lasso 回归中。

13.3.3 特征重要性

很多时候，你会希望根据一些客观的重要性衡量标准对特征进行排序。这对于事前和事后的故事讲述都非常有用。从事后的角度来看，你可以这样说：我们发现交易时间是最重要的欺诈预测因素，这可能有助于你推销模型的结果，也可能为你和你的观众带来潜在的惊喜（另见第 7 章）。

从事前角度来看，有一种按重要性对特征进行排序的方法可以帮助你迭代你的假设或特征工程，或提高对问题的理解。如果你有深思熟虑的假设，但结果看起来可疑，则有可能是你在特征工程方面犯了程序错误，或者发生了数据泄露。

注 1： 很容易证明，在线性回归中，将特征 x 重新缩放为 kx 会将真实系数从 α 更改为 α/k。

之前，我使用线性回归中的标准化特征来获得一种可能的特征重要性排名：

线性回归中的标准化特征重要性
　　如果特征 x 的标准差增加一个单位与结果的绝对值变化更大，那么特征 x 的重要性就高于特征 z。

另外，特征的重要性可以根据每个特征在当前预测问题中的信息量来定义。直观上，特征的信息量越高（针对给定的结果），如果包含该特征，预测误差就会越低。以下是两种常用的度量方法：

基于不纯度的特征重要性
　　从节点不纯度的角度来看，如果当选择特征 x 作为分裂变量时，预测误差的相对改善大于特征 z 对应的改善，那么特征 x 就比特征 z 更重要。

排列重要性
　　从排列的角度来看，如果当特征 x 的值被打乱排序时，性能的相对损失大于特征 z 的损失，那么特征 x 就比特征 z 更重要。

注意基于不纯度的特征重要性（*https://oreil.ly/acJDH*）仅适用于基于树的 ML 算法。每当一个节点使用某个特征进行分裂时，性能的改善都会被记录下来，因此最后可以计算出所有特征相对于总改善的贡献份额。在集成算法中，这个改善是所有生长树的平均值。

另一方面，排列重要性（*https://oreil.ly/84XXY*）适用于任何 ML 算法，因为你只需对每个特征的值进行打乱（多次，就像在 bootstrapping 过程中一样）并计算性能损失。直觉是，实际顺序对于重要特征更重要，因此值的排列应该会造成更大的性能损失。

图 13-7 使用与之前相同的模拟数据集，使用梯度提升回归（无元参数优化）训练，显示排列和基于杂质的特征重要性，以及 95% 的置信区间。排列重要性的置信区间是使 scikit-learn 提供的均值和标准差以参数方式计算的（假设为正态分布）。我使用 bootstrapping 获得了基于不纯度的特征的类似区间（参见第 9 章）。

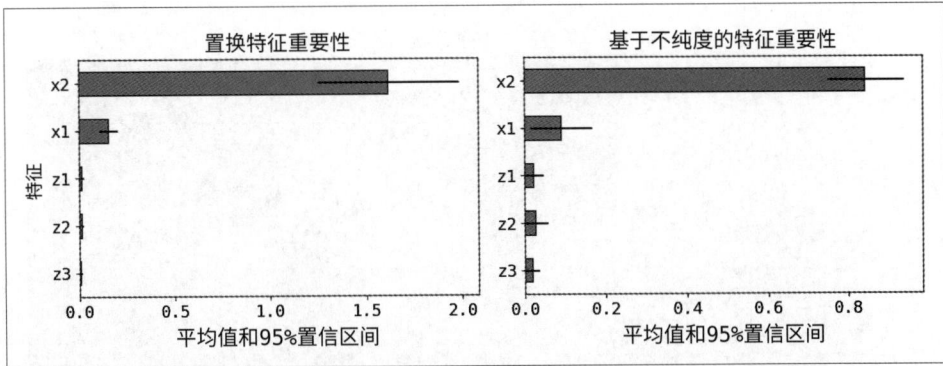

图 13-7：使用梯度提升回归模拟模型的特征重要性

13.3.4 热图

热图非常容易计算，并且通常非常善于直观地显示每个特征与预测结果之间的相关性。这对于表示当 x 增加时，y 下降等情况非常方便。许多假设都是有方向性的，因此快速测试在实践中是否成立是非常有用的。计算它们的过程如下：

1. 将预测结果（回归）或概率（分类）分成十分位数或任何其他分位数。

2. 对于每个特征 x_j 和十分位数 d，计算该桶中所有单位的平均值：$\bar{x}_{j,d}$。

这些可以排列在表格中，列表示十分位数，行表示特征。通常，使用某种重要性度量对特征进行排序是个好主意，这样你就可以首先关注最相关的特征。

图 13-8 显示了在上述模拟示例上训练的线性回归的热图，其中特征已按特征重要性排序。只需检查每个特征（行）的相对色调，就可以轻松识别任何模式或没有模式。

例如，x_2 与结果呈正相关，这是意料之中的，因为模拟中的真实系数等于 1。后十分位数的单位平均为 -3.58 个单位，而前十分位数的单位平均为 4.23 个单位，单调递增。

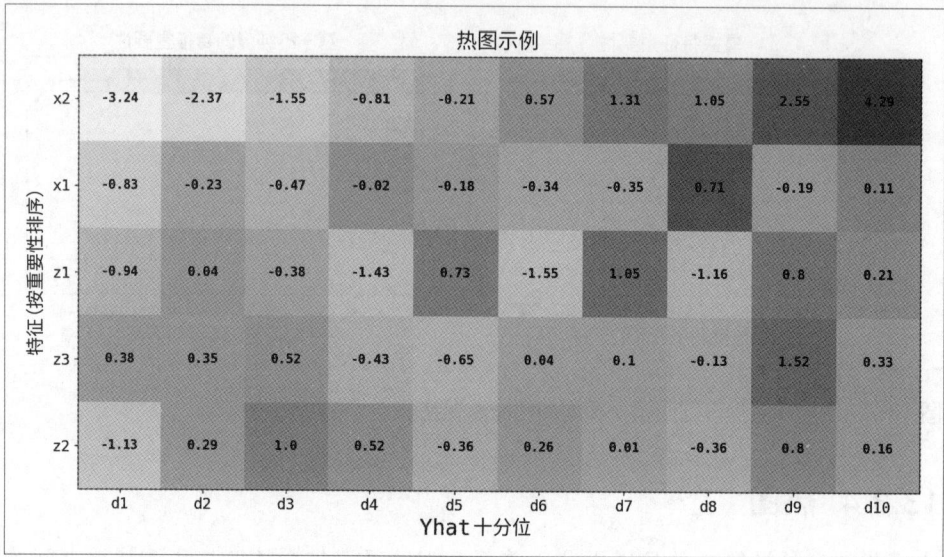

图 13-8：上述模拟示例的特征热图

查看 x_1 这行可以发现热图的主要问题：它们仅显示双变量相关性。真正的相关性是正的（$\alpha_1 = 1$），但热图无法捕捉到这种单调性。要理解其中的原因，要注意 x_1 和 x_2 是负相关的（见图 13-9）。然而，第二个特征的方差越大，其预测能力就越强，因此在预测结果（和十分位数）的最终排序中占有更大的权重。这两个事实打破了第二个特征所预期的单调性。

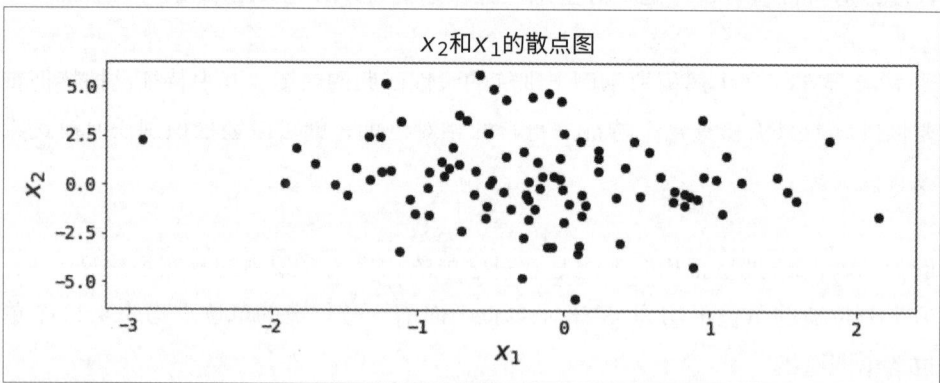

图 13-9：x_2 和 x_1 呈负相关

13.3.5 部分依赖图

使用部分依赖图（PDP），你可以通过每次只更改一个特征同时固定其他所有特征，来预测结果或概率。它非常有吸引力，因为它与线性回归中求偏导数的结果相似。

在第 9 章中，我使用了以下方法来计算 PDP，这种方法非常贴切地体现了这种直觉。首先计算所有特征的均值，然后为要模拟的特征创建一个大小为 G 的线性网格，并将所有内容组合成以下形式的矩阵：

$$\overline{\mathbf{X}}_j = \begin{pmatrix} \bar{x}_1 & \bar{x}_2 & \cdots & x_{0j} & \cdots & \bar{x}_K \\ \bar{x}_1 & \bar{x}_2 & \cdots & x_{1j} & \cdots & \bar{x}_K \\ \vdots & \vdots & \ddots & \vdots & & \vdots \\ \bar{x}_1 & \bar{x}_2 & \cdots & x_{Gj} & \cdots & \bar{x}_K \end{pmatrix}_{G \times K}$$

然后，你可以使用此矩阵通过训练模型创建预测：

$$\text{PDP}^{(1)}\left(x_j\right) = \hat{f}\left(\overline{\mathbf{X}}_j\right)$$

这种方法既快速又直观，还允许你快速模拟特征之间交互的影响。但是，从统计角度来看，它并不完全正确，因为函数的平均值通常不同于根据输入平均值评估的函数（除非你的模型是线性的）。其主要优点是它只需要对训练模型进行一次评估。

正确的做法，以及 scikit-learn（*https://oreil.ly/waddK*）计算 PDP 的方法，需要对网格中的每个值 g 进行 N（样本大小）次训练模型评估。然后取平均值得到：

$$\text{PDP}^{(2)}\left(x_j = g\right) = \frac{1}{N} \sum_{i=1}^{N} \hat{f}\left(x_{1, i}, \cdots, x_{j-1, i}, g, x_{j+1, i}, \cdots, x_{K, i}\right)$$

通过一次更改多个特征，可以轻松模拟交互。在实践中，这两种方法通常会提供类似的结果，但这实际上取决于特征的分布和实际未观察到的数据生成过程。

在继续之前，请注意，在最后的计算中，你必须为数据集中的每一行计算一个预测。使用单独的条件期望（ICE）图，你可以跨单元直观地显示这些效果，使其成为一种局部可解释性的方法，与 PDP 不同。[注2]

让我们模拟一个非线性模型来观察这两种方法的实际效果，使用以下数据生成过程：

$$y = x_1 + 2x_1^2 - 2x_1x_2 - x_2^2 + \in$$
$$x_1 \sim \text{Gamma}(\text{shape} = 1, \text{scale} = 1)$$
$$x_2 \sim \text{N}(0, 1)$$
$$\in \sim \text{N}(0, 5)$$

我使用伽马分布作为第一个特征，以强调使用任一方法时异常值可能产生的影响。

图 13-10 显示了使用两种方法估计的和真实的 PDP。第一个特征的 PDP 很好地捕捉到了真实关系的形状，但当 x_1 值较大时，这两种方法开始出现分歧。这是意料之中的，因为样本均值对异常值很敏感，因此使用第一种方法时，你最终得到的平均单位相对较大的第一特征。而在第二种方法中，这种情况并不那么明显，因为个别预测被平均化，而在这个特定的例子中，函数形式平滑了离群值的影响。

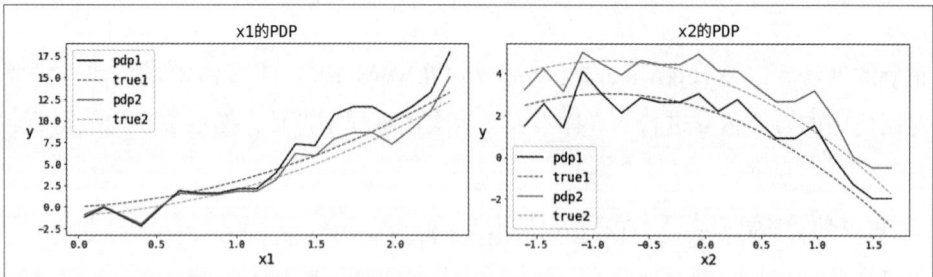

图 13-10：模拟数据中使用两种方法的 PDP

注 2： 代码库（*https://oreil.ly/dshp-repo*）中有 ICE 和 PDP 的代码实现。

虽然 PDP 非常有用，但它们在处理相关特征时存在偏差。例如，如果 x_1 和 x_2 呈正相关，那么它们的值会同时较小或较大。但是使用 PDP 时，当第二个特征的相应值较大时，你可能最终会不切实际地为 x_1 设置一个较小的值（来自网格）。

为了在实践中看到这一点，我模拟了之前的非线性模型的修改版本：

$$y = x_1 + 2x_1^2 - 2x_1x_2 - x_2^2 + \in$$
$$x_1, x_2 \sim N(\mathbf{0}, \Sigma(\rho))$$
$$\in \sim N(0, 5)$$

其中，特征现在从多元正态分布中提取，其协方差矩阵由相关参数构建。图 13-11 绘制了不相关（$\rho = 0$）特征和相关（$\rho = 0.0$）特征的估计 PDP 和真实 PDP，你可以轻松验证当特征相关时 PDP 是否存在偏差。

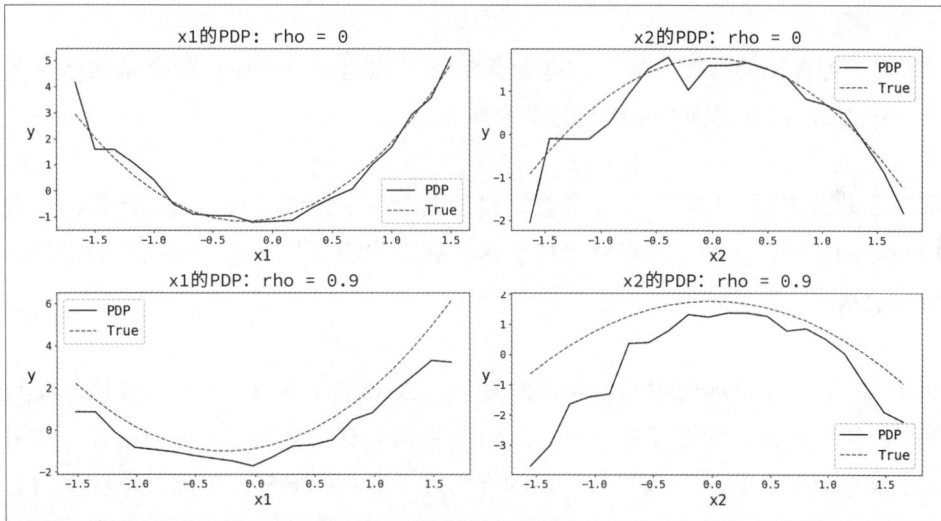

图 13-11：具有相关特征和不相关特征的 PDP

13.3.6 累积局部效应

累积局部效应（ALE）是一种相对较新的方法，旨在解决部分依赖图（PDP）

在处理相关特征时的缺陷。由于对已训练函数的评估次数较少，它的计算开销也较小。[注3]

正如前面所讨论的，PDP 的问题出现在对某个特征设置了不合理的值，这取决于它与其他特征的相关性，进而导致了估计的偏差。与之前一样，你开始时会为待检查的任意特征 k 创建一个网格。ALE 通过以下三种方式来处理这个问题：

关注局部效应

对于网格 g 中的给定值，仅选择数据中特征值落在该点邻域内的那些单元 (i)（$\{i: g - \delta \leqslant x_{ik} \leqslant g + \delta\}$）。具有相关特征时，所有这些单元对于所有其他变量都应具有相对一致的值。

计算函数的斜率

在该邻域内，计算每个单元的斜率，然后取平均值。

累积影响

为了可视化的目的，所有这些效果都被累积起来：这使你能够从网格中某一邻域的局部层面移动到特征的整体范围。

第二步非常重要：你实际上不是在网格的某个点上评估函数，而是计算该区间内函数的斜率。否则，你最终可能会将感兴趣的特征与其他高度相关的特征的效果混淆。

图 13-12 显示了之前使用的相同模拟数据集的 ALE，使用自助法且置信区间为 90%。使用不相关特征（第一行），ALE 在恢复真实效果方面做得很好。使用相关特征（第二行），第二个特征的真实效果被正确恢复，但第一个特征的某些部分仍然显示出一些偏差；尽管如此，ALE 仍然比 PDP 做得更好。

注3：　在撰写本书时，有两个可用于计算 ALE 的 Python 包：ALEPython（*https://oreil.ly/znDHe*）和 alibi（*https://oreil.ly/QIZkS*）。你可以在代码库（*https://oreil.ly/dshp-repo*）中找到我针对连续特征和无交互的情况的代码实现。

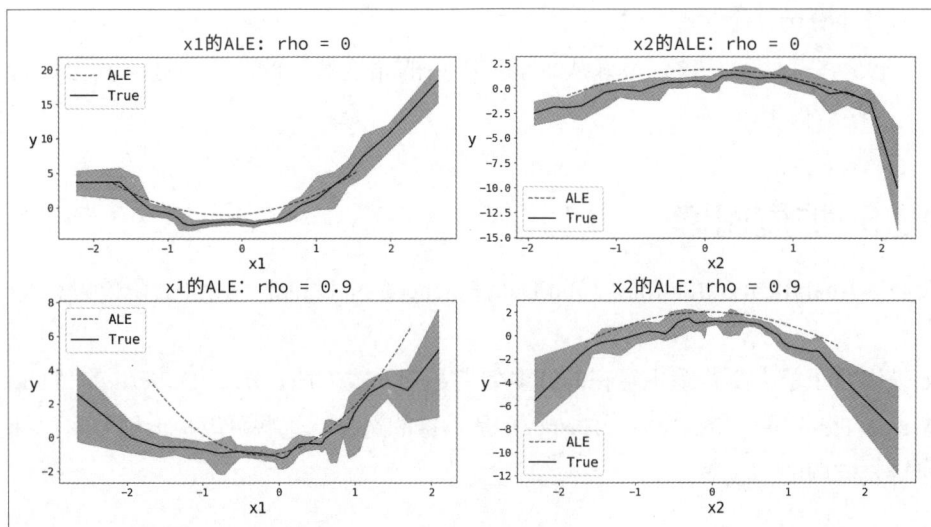

图 13-12：相同模拟数据的 ALE（90% 置信区间）

13.4 关键要点

以下是本章的要点：

机器学习中的全过程讲述

在机器学习中，讲故事是在你开发模型并面对利益相关者之后进行的。本章介绍的整体方法支持这样一种愿景：你的科学家角色会创建并迭代故事，帮助你创建一个良好的预测模型，然后切换到更传统的销售人员角色。

事前讲故事

事前讲故事首先要创建故事或假设，说明是什么推动了你想要预测的结果。然后通过多步骤特征工程阶段将这些内容转化为特征。

事后讲故事

事后讲故事有助于你理解和解释模型的预测结果。热图、部分依赖图和累积局部效应等技术应该可以帮助你讲述不同特征对结果的作用。特征重要性提供了一种对它们进行排序的方法。

将讲故事分为几个步骤

至少在开始的时候，最好从事前和事后的角度对你的故事讲述工具包进行一些结构化。

13.5 扩展阅读

我在《Analytical Skills for AI and Data Science》中讨论了一阶和二阶效应。

如果你想了解人类行为中存在的许多偏见和启发式方法，Rolf Dobelli 的《The Art of Thinking Clearly》（Harper）是不错的选择。这些可以极大地丰富你针对特定问题的假设集。

关于特征工程的问题，从数据转换的角度来看，有几本全面的参考书。你可以看看 Alice Zheng 和 Amanda Casari 的《Feature Engineering for Machine Learning》（O'Reilly），Sinan Ozdemir 的《Feature Engineering Bookcamp》（Manning），Soledad Galli 的《Python Feature Engineering Cookbook》（第 2 版）（Packt Publishing），或 Wing Poon 的 "Feature Engineering for Machine Learning"（*https://oreil.ly/Zg3EI*）系列博客文章。

我调整了图 13-5，摘自 Gareth James 等编著的《An Introduction to Statistical Learning with Applications in R》（第 2 版）（Springer）中的图 2-7，在线版可以在网站（*https://oreil.ly/LZPDX*）获得。如果你对获得一些直觉比了解更多技术细节更感兴趣，那么强烈推荐这本书。

关于机器学习的可解释性，我强烈推荐 Christoph Molnar 的《Interpretable Machine Learning: A Guide for Making Black Box Models Explainable》[可在线阅读（*https://oreil.ly/FujJr*），independently published，2023 年]。Trevor Hastie 等的《The Elements of Statistical Learning: Data Mining, Inference, and Prediction》（第 2 版）（Springer）对不同算法的特征重要性和可解释性进行了出色的讨论（特别是 10.13 节和 15.13.2 节）。最后，Michael Munn 和 David Pitman 在《Explainable AI for Practitioners: Designing and Implementing

Explainable ML Solutions》（O'Reilly）中对不同技术进行了非常全面且最新的概述。

在 ALE 方面，你可以查看 Daniel W. Apley 和 Jingyu Zhu 的原创文章"Visualizing the Effects of Predictor Variables in Black Box Supervised Learning Models"（2019 年 8 月，来自 arXiv，*https://oreil.ly/gbZlu*）。Molnar 对 ALE 的解释非常好，但这篇文章可以提供一些关于不太直观的算法的进一步细节。

第 14 章

从预测到决策

根据麦肯锡的一项调查（*https://oreil.ly/Kl_7y*）显示，50% 的受访组织在 2022 年采用了人工智能 (AI) 或机器学习 (ML)，较 2017 年大幅增长 2.5 倍，但仍低于 2019 年的峰值（58%）。如果人工智能是新电力（*https://oreil.ly/O_tsb*）和数据新石油（*https://oreil.ly/bU0xd*），为什么在 ChatGPT 和 Bard 等大型语言模型 (LLM) 出现之前，采用率会停滞不前？[注 1]

虽然根本原因各不相同，但最直接的原因是大多数组织尚未找到正向投资回报（*https://oreil.ly/Stpro*）（ROI）。在 "Expanding AI's Impact With Organizational Learning"（*https://oreil.ly/izJb7*）一文中，Sam Ransbotham 和他的合作者指出，只有 "10% 的公司从人工智能技术中获得显著的经济收益。"

这种投资回报率从何而来？从本质上讲，机器学习算法是一种预测程序，因此我们自然而然地认为，大多数价值都是通过改进决策能力而创造的。本章将介绍预测改进决策的一些方法。在此过程中，我将介绍一些实用方法，帮助你从预测转向改进决策。

注 1：　人们甚至可能会问，大型语言模型（LLMs）是否真的会以显著的方式改变普及趋势。我相信，基本面尚未真正改变，至少在机器达到人工通用智能（AGI）之前是如此。但我将在第 17 章中讨论这个话题。

195

14.1 剖析决策制定

预测算法试图规避不确定性，而这样做对于提高我们的决策能力至关重要。例如，我可以尝试预测我家乡明天的天气，纯粹是为了好玩。但是预测本身有助于提高我们在面对这种不确定性时做出更好决策的能力。不难发现许多不同的人和组织愿意为这些信息付费的例子（想想农民、派对策划者、电信行业、NASA 等政府机构）。

图 14-1 以图表形式显示了不确定性在决策中的作用。从右边开始，一旦不确定性得到解决，就会有一个结果影响你关心的某些指标。这个结果取决于你可使用的操作及其与潜在不确定性的相互作用。例如，你不知道今天是否会下雨（不确定性），并且你关心的是舒适和干燥（结果）。你可以决定是否带伞（操作）。当然，如果下雨，你最好带上伞（你不会湿），但如果不下雨，最好的决定就是不带伞（你会更舒服，因为你不必随身携带它）。

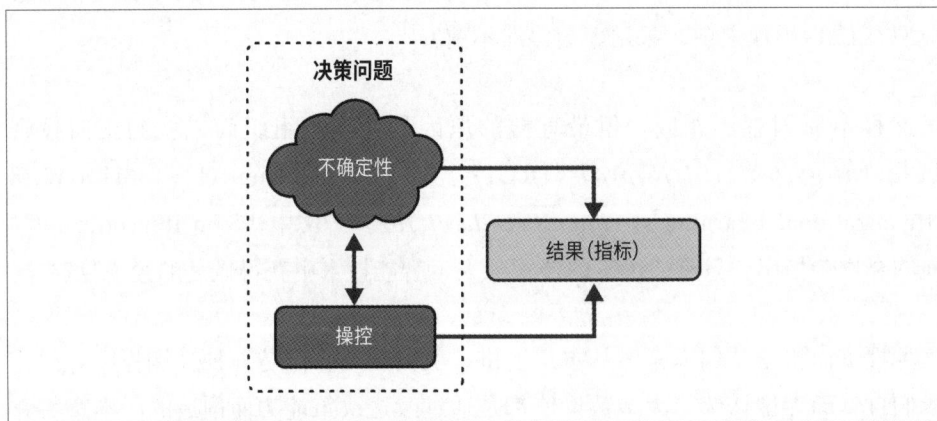

图 14-1：不确定情况下的决策

在表 14-1 中我整理了一些 ML 中的常见例子，重点介绍了决策和不确定性所起的作用以及一些可能的结果。让我们来看看第一行，即健康保险的案例索赔处理（*https://oreil.ly/4V5Du*）。当收到一份新的索赔时，你必须决定是手动审核还是批准付款，因为索赔可能是非法的。非法索赔会不必要地增加保险公司的成本，但审核流程通常非常复杂，需要大量的时间和精力。如果你能够正确预测，则可以降低预测误差和成本，并提高客户满意度。

表 14-1：机器学习用例示例

类别	用例	决策	不确定性	结果
服务运营	索赔过程	自动付款还是审核	是否合法	减少手动的流程（降低成本）、提高客户满意度、降低欺诈率
服务运营	人员配置	聘用或调任	员工规模依赖于需求	更高的客户满意度、更低的人力资源浪费
服务运营	积极主动的客户支持	是否给客户打电话	客户是否有我可以解决的问题	提升满意度和降低客户流失率
供应链优化	需求预测	管理库存	库存依赖于需求	更高的销量和更低的折旧费用
欺诈检测	退款预防	批准或拒绝一项交易	是否合法	降低与欺诈相关的成本、提高客户满意度
营销	线索生成	是否打电话给潜在客户	客户是否会购买	更高的销售效率
基于机器学习产品	推荐系统	推荐 A 还是推荐 B	客户是否会购买	更高的参与度、降低客户流失

首先考虑决策和结果，然后再考虑机器学习应用，这可以帮助你在组织中发展强大的数据科学实践。

> 思考决策和操作是寻找工作场所中新的 ML 用例的好方法。其流程如下：
>
> 1. 确定利益相关者做出的关键决策（以及相关指标和操作）。
>
> 2. 了解不确定性的作用。
>
> 3. 制定构建 ML 解决方案的商业案例。

14.2 明智的阈值产生简单的决策规则

与回归相反，简单的决策规则在分类模型中以阈值的形式自然而然的出现。我将描述二分类模型（两个结果）的情况，但同样的原则可以适用于更一般的多分类情况。典型的场景是这样的：

$$Do(\tau) = \begin{cases} A & \text{if } \hat{p}_i \geq \tau \\ B & \text{if } \hat{p}_i < \tau \end{cases}$$

这里 $\hat{p}_i$ 是单元 i 的预测概率分数，τ 是你选择的阈值。如果分数足够大，规则将激活操作 A，否则激活操作 B。请注意，如果你用预测的连续结果替换预测概率，类似的原理也适用。然而，分类设置固有的简化结构使你能够在决策时考虑不同预测错误的成本。

简而言之，一切都归结为对假阳性和假阴性的彻底理解。在二分类模型中，结果通常被标记为正（1）或负（0）。一旦你有了预测概率分数和阈值，概率较高（较低）的单位就会被预测为正（负）。请参阅混淆矩阵表 14-2。

表 14-2：典型的混淆矩阵

实际标签 / 预测标签	$\hat{N}(\tau)$	$\hat{P}(\tau)$
N	TN	FP
P	FN	TP

混淆矩阵中的行和列分别表示实际标签和预测标签。如前所述，预测结果取决于所选阈值(τ)。因此，你可以将样本中的每个实例分类为真阴性（TN）、真阳性（TP）、假阴性（FN）或假阳性（FP），具体取决于预测标签是否与真实标签匹配。矩阵中的单元格表示每个类别的个数。

14.2.1 精确率和召回率

分类问题中的两个常见性能指标是精确率和召回率：

$$\text{Precision} = \frac{TP}{TP + FP}$$

$$\text{Recall} = \frac{TP}{TP + FN}$$

这两个指标都可以被认为是真阳率，但是各自考虑的是不同的范围。[注2] 精确率回答的是：在我所有预测为正的样本中，有多少百分比是真正的正样本？另一方面，召回率回答的是：在所有实际为正的样本中，有多少百分比是真正的正样本？当你使用精确度作为考虑因素，你实际上考虑的是假阳性的成本；对于召回率，重要的是假阴性的成本。

图 14-2 展示了针对平衡结果的模拟潜变量线性模型训练的三个模型的精确率和召回率曲线。第一列显示了一个通过在单位区间内生成随机均匀数字来分配概率分数的分类器，这个随机分类器将作为基线。中间一列绘制了从逻辑回归中获得的精确度和召回率。最后一列故意切换预测类别，以创建一个逆概率分数，其中分数越高，发生率越低。

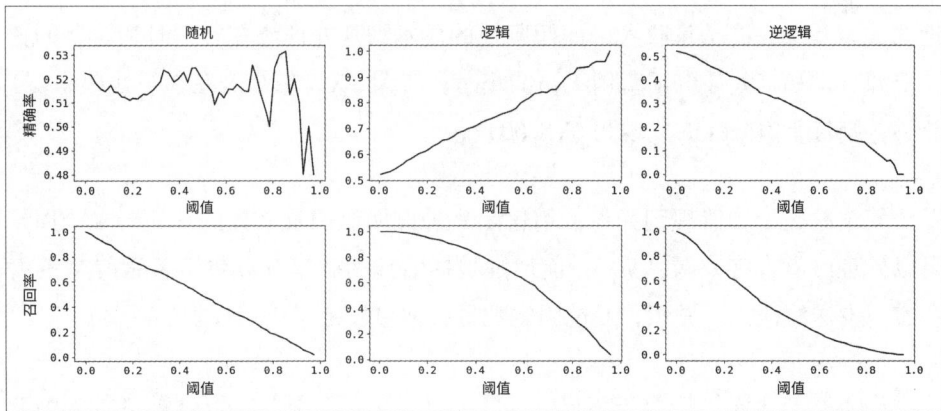

图 14-2：不同模型的精确率和召回率

你可以很容易地看到几种模式：精确率总是从样本中阳性样本的比例开始，并且可以相对笔直（随机分类器）、递增或递减。大多数情况下，你会得到一个增加的精确率，因为大多数模型往往优于随机分类器，并且至少在某种程度上可以提供你想要预测的结果的信息。虽然理论上可能，但负斜率的精确率极不可能出现。

注 2： 请注意，在机器学习文献中，召回率通常被视为真阳率。

精确率的表现更为稳定，这意味着它始终从 1 开始，然后逐渐降低到 0，只有曲率会发生变化。通常可以期待出现一个优美的凹函数（中间图），这也与健康分类模型中，得分能够有效反映事件发生概率的事实相关。

14.2.2 例子：潜在客户生成

以一个潜在客户生成活动为例，在这个活动中，你对潜在客户进行评分，以预测哪些客户会促成销售。你的数据包含了成功（售出）和失败（未售出）的历史客户联系记录，这些记录是之前由电话营销团队使用的潜在客户样本。

考虑一个简单的决策规则：如果预测的概率高于某个阈值，则联系客户。FN 是指如果该潜在客户被发送给了营销团队，就会促成销售的潜在客户，而假阳性（FP）则是指错误地把潜在客户发送给了营销团队，但未能促成销售。假阴性的成本是失去的销售收入，而假阳性的成本则是处理潜在客户时所花费的任何资源（例如，如果电话营销人员的小时薪资为 $X，每个潜在客户处理需要 k 分钟，则每个假阳性的成本为 $kX/60）。

一个简单的数量阈值规则如下：销售团队告诉你他们每个周期（一天或一周）可以处理的潜在客户量（V），而你则根据估计的概率分数将排名靠前 V 的潜在客户发送给他们。显然，通过固定数量，你也设定了决策规则的阈值。

让我们看看一个简化的潜在客户生成漏斗（参见第 2 章），以理解这种规则的效果。[注 3]

$$\text{Sales} = \underbrace{\frac{\text{Sales}}{\text{Called}}}_{(1)} \times \underbrace{\frac{\text{Called}}{\text{Leads}}}_{(2)} \times \underbrace{\text{Leads}}_{(3)}$$

$$= \underbrace{\text{Conv. Eff}(\tau)}_{\text{Precision}} \times \text{Call Rate(FTE)} \times \text{Leads}(\tau)$$

注 3：　我假设联系率为 1，因此每次通话都会以联系结束。在应用中，这通常并非如此，因此不仅需要扩展漏斗，而且你可能还需要调整模型。

总销售额取决于转化效率 (1)、呼叫率 (2) 和潜在客户数量 (3)。请注意，转化效率和潜在客户数量取决于你选择的阈值：在理想情况下，转化效率等于模型的精确度，潜在客户数量取决于分数分布。另一方面，呼叫率取决于销售团队的全职当量（FTE）或员工总数：足够多的销售人员将能够呼叫样本中的每个潜在客户。

通过这个，你可以看到数量规则为什么以及何时可能起作用。通过按概率得分降序排列潜在客户，并仅联系排名前 V 的潜在客户，你可以优化转换效率（因为在预测分类模型中，精确度是一个递增函数）。你还可以处理电话营销团队中的闲置资源：如果你发送的电话数量超过他们能够处理的数量，那么得分较低的潜在客户将不会在当前时间窗口中被联系；如果你发送的电话数量较少，那么就会有闲置的销售代理。

图 14-3 将 (1) 和 (3) 的乘积绘制为针对相同模拟样本和之前使用的相同三个模型设置的阈值的函数。[注4] 从右到左，你可以看到，从总销售额的角度来看，降低门槛总是更好的，这解释了为什么数量规则通常对电话营销团队很有效。

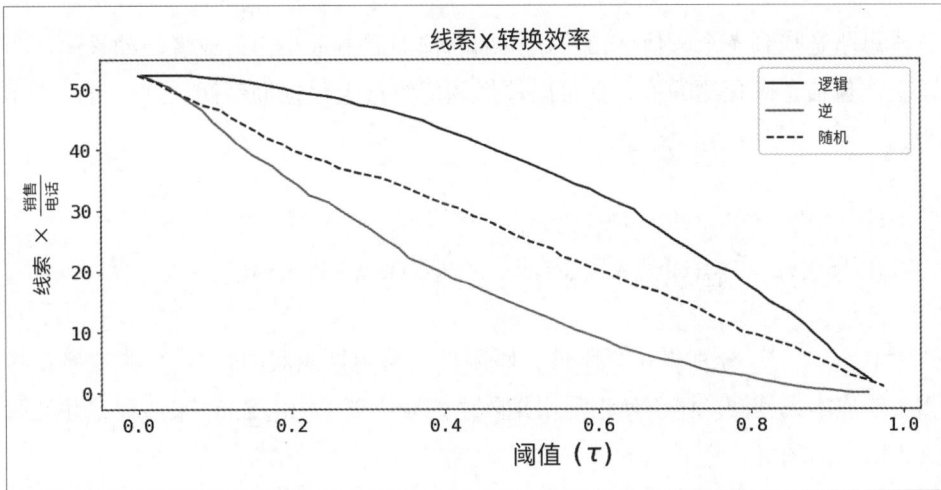

图 14-3：优化总销售额

注 4:　样本量标准化为 100，结果是平衡的，因此只有约 50 个真阳样本。

此图可能引起混淆的一个原因是，它可能建议你将阈值设置为零（致电每一位得分的线索），而不是仅仅遵循数量规则。换句话说，销售团队是否应该雇用确切数量的 FTE，以确保通话率最大化并联系所有线索？答案是否定的：如果分数是有用的，预测分数较低的线索转化的可能性也较小，因此额外 FTE（确定）的成本将大于额外销售额的（不确定）收益。数量规则假设团队规模是固定的，然后在给定团队规模的情况下优化以获得最大的精确度和销售额。

14.3 混淆矩阵优化

潜在客户生成的情况有些不典型，因为你实际上对假阴性赋予了零权重，仅专注于优化精确度。但对于大多数问题来说情况并非如此（即使在潜在客户生成的情况下，选择阈值时也可以考虑包括假阳性）。为了理解这一点，考虑欺诈的情况，对于任何进来的交易，你需要预测它是否会是欺诈交易。

典型的决策规则会因为概率分数足够大而阻止交易。误报通常会导致客户愤怒（客户满意度降低和客户流失率上升）。另一方面，误报会造成欺诈的直接成本。这种矛盾引发了阈值选择的有趣优化问题。

总体思路是找到一个阈值，使错误预测的预期成本最小化；或者，如果你认为还应该包括正确预测的值，则可以选择阈值来最大化预期利润。这些可以表示为：

$$E(\text{Cost})(\tau) = P_{FP}(\tau)c_{FP} + P_{FN}(\tau)c_{FN}$$

$$E(\text{Profit})(\tau) = P_{TP}(\tau)b_{TP} + P_{TN}(\tau)b_{TN} - (P_{FP}(\tau)c_{FP} + P_{FN}(\tau)c_{FN})$$

其中 P_x、c_x、b_x 分别表示真阳性、假阳性、真阴性或假阴性（x）的概率及其相关的成本或利润。概率使用混淆矩阵中的频率 $P_x = n_x/\Sigma_y n_y$ 来估计，并且取决于所选的阈值。[注5]

图 14-4 显示使用与之前相同的模拟数据集的样本估计值；重要的是，我假设一

注5：   虽然这对于利润计算是正确的，但在成本计算时，你可能想使用条件概率，前提是存在预测错误。选择的阈值保持不变，因为这相当于对目标函数进行重新调整。

个对称的情况，其中所有成本和利润都具有相同的值（标准化为1）。你可以看到，对于成本（左）和利润（右），最佳阈值约为0.5，这与具有平衡结果和有对称成本/利润结构的模型中的预期一致。

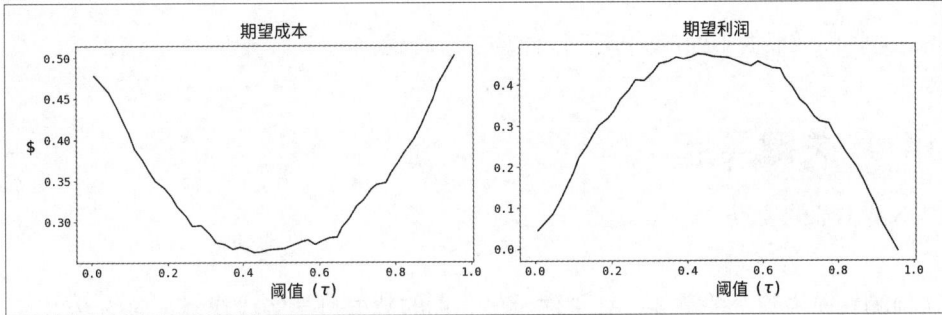

图 14-4：对称的预期成本和利润

图 14-5 显示了将假阳性和假阴性的成本加倍对最佳阈值的影响。从方向上讲，你会认为增加假阳性的成本会提高阈值，因为你更看重模型的精确度。相反，假阴性的成本越高，最佳阈值就越低，因为你更看重召回率。

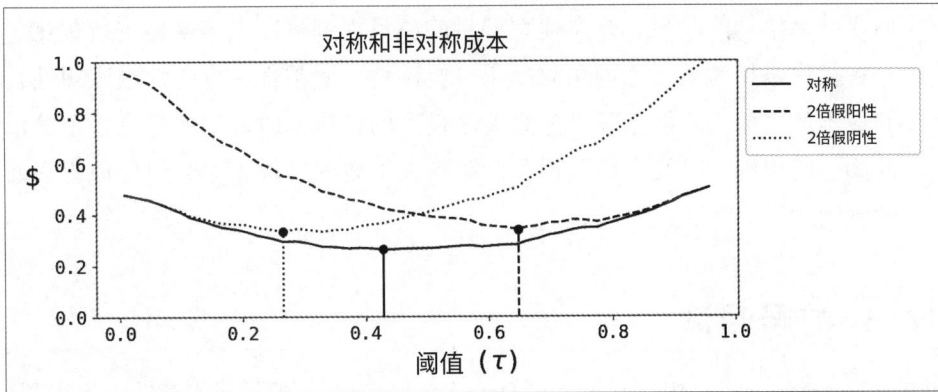

图 14-5：不对称的预期成本

你可以用这种方法找到合适的阈值，将分类模型转换为决策规则。该过程包括以下步骤：

1. 训练一个具有良好预测性能的分类器。

2. 为了最小化成本，请为预测误差设置适当的成本。由于问题的结构，你只需要相对成本（例如，假阴性的成本是假阳性的成本的 3 倍；也就是说，你可以根据一个结果来进行标准化）。

3. 类似的考虑也适用于利润最大化。

4. 这些可以根据不同的阈值进行计算并进行优化。

14.4　关键要点

以下是本章的要点：

从预测转向决策至关重要，如果你希望为你的数据科学实践找到正向的 ROI。
　　ML 是一组预测算法，首先可以大大改善你组织的决策能力。

在 ML 中，阈值决策规则随处可见。
　　许多回归和分类模型产生简单的决策规则，当预测结果大于、等于或低于预定阈值时，会触发相应的行动。

分类模型中的决策规则
　　由于结果结构的简化，分类模型产生的决策规则可以很容易地进行优化。一种优化路径考虑了不同预测结果（真阳性、假阳性、真阴性或假阴性）的成本和收益。我展示了当你只关注模型的精确率时，如何产生一个简单的阈值的规则，以及在假阳性和假阴性都重要的情况下，如何处理更全面的案例。

14.5　扩展阅读

我的书《Analytical Skills for AI and Data Science》深入探讨了本章的许多主题。重要的是，我没有涉及此处描述的阈值优化的实际问题。

Ajay Agrawal 等的《Power and Prediction: The Disruptive Economics of Artificial Intelligence》（Harvard Business Review Press）着重强调了这一观点：人工智能和机器学习颠覆经济的潜力取决于它们改善我们决策能力的能力。

第 15 章

增量：数据科学的圣杯

之前（*https://oreil.ly/or6gY*）我一直认为，增量是数据科学的圣杯。这一说法
主要取决于我始终坚持的假设：数据科学通过提高公司的决策能力来创造价值。
本章将扩展这一主题，但最重要的是，我将介绍一些技术，这些技术应该可以
建立一些基本的直觉，如果你决定深入研究，这些直觉将变得方便。像往常一样，
这个话题值得一本书的篇幅，所以我将在本章末尾提供一些参考资料。

15.1 定义增量

增量只是因果推理在决策分析中的另一种说法。如果你还记得图 14-1，典型的
决策包括一项行动或操作，以及取决于潜在不确定性的结果。如果操作改善了
结果，并且你能够找出可能解释这种变化的任何其他因素，那么你可以（有一
定程度的信心）说这是增量的。为了便于以后参考，该行动也称为处理，遵循
更经典的医学文献中的受控实验，其中一些患者接受处理，而其余对照组接受
安慰剂。

因果关系通常使用反事实来定义。与事实（我们观察到的事物）相反，反事实
试图回答以下问题：如果我采取了不同的行动，结果会怎样？然后，如果结
果相对于所有可能的反事实是唯一的，那么可以说某个行动对结果具有因果影
响。

例如，假设你进行了有两种类别的操作，只有两个可能的行动 A 和 B（例如打折或不打折），然后你观察到结果 Y（收入）。最后你给所有顾客打了折扣，发现收入增加了。折扣对收入有增量作用吗？或者，这种影响是因果关系吗？要回答这些问题，你需要估计反事实收入，其中所有其他因素都是固定的，唯一不同的是你不打折。这些潜在结果的差异就是折扣的因果关系。[注1]

通过量化增量，你可以确定并选择使公司走上改善道路的行动。这通常与指导性分析有关，而不是描述性和预测性分析。大多数从事机器学习（ML）的数据科学家都严格关注预测，很少或根本不花时间去思考因果关系，所以你可能想知道这是否真的是一项需要学习的关键技能。在讨论更实际的问题之前，我会说它的确是一项需要学习的关键技能。

15.1.1 从因果推理到提升预测

即使你将数据科学家的角色限制在进行预测上，你也应该关心因果关系。正如第 13 章为了设计出好的预测特征，你需要对想要预测的结果有一些基本的因果直觉。这可以从监督学习的定义中看出：

$$y = f(x_1, x_2, \cdots)$$

鉴于你的特征和结果的变化 $\{x_k, y\}$，任务是学习数据生成过程（f()）但这隐含地假设了从特征到结果的因果关系。特征工程的过程起始于制定因果假设，例如，特征 k 的较高值会使结果增大，因为……此外，如果你包含与结果虚假相关的特征，你的模型的预测性能可能会受到负面影响，如第 10 章所述。

15.1.2 因果推理作为差异化因素

在撰写本书时，GPT-4 及其他类似的大型语言模型（LLM）正在让我们重新思考人类在许多领域中的角色。数据科学家在自动化机器学习的出现之前就听说过这些风险（*https://oreil.ly/afagR*）。

注1： 顺便说一句，请注意，在这个例子中，还有其他反事实的故事可以解释增加的收入。一个非常常见的情况是季节性销售高峰，客户只是更愿意在你的产品上花更多的钱。

但如果你让机器处理所有可以自动化的事情，并在其上投入人类特有的能力，这些技术可以让你更有效率。即使有了最新的进展，似乎也可以安全地预测，就目前而言，人类是唯一适合通过反事实进行因果推理并建立世界运作模型的人。第 17 章详细讨论了这个主题。

15.1.3 提升决策制定

还有一个问题，即你如何为你的组织创造价值。正如我在本书中所说的那样，数据科学家拥有独特的技能，可以提高公司的决策能力。如果你遵循这条路线，增量就是圣杯，你无法回避对因果关系的思考。

但这条路线也要求你重新思考你作为数据科学家的角色职责，将其从单纯的预测扩展到提高决策能力（其中预测起着重要但次要的作用）。

一个典型的场景是新功能或新产品的推出。当你推出新功能时，最好有一个要优化的结果或指标。例如，你可能关心客户参与度，以活动时间或页面访问频率来衡量。如果你能够证明该功能在该指标上有所增加，你可以建议扩大其使用范围。然而，如果你发现它没有增加，甚至更糟，指标恶化，最好的做法是对该功能进行回滚。

新产品的推出会产生更有趣的蚕食概念。例如，当苹果（*https://oreil.ly/QarTm*）决定推出 iPhone 时，iPod 的销量大幅下降，受到了蚕食。同样，流媒体业务 Netflix（*https://oreil.ly/Zu5jM*）最终取代并蚕食了原来的在线 DVD 租赁业务。最后一个略有不同的例子是星巴克（*https://oreil.ly/BCgCA*）开设新店可能会蚕食邻近门店的销售额。在所有这些情况下，估计新产品或新店的增量可能会对公司的损益表和决策能力产生深远影响。

15.2 干扰因子和对撞因子

第 10 章提到了干扰因子和不良控制变量，作为线性回归可能出现问题的例子。掌握这些概念在处理因果关系时非常关键。现在我将回顾这些概念，并强调出在考虑增量时应关注的一些地方。

思考因果关系的一个非常有用的工具是有向无环图（DAG）。图是一组节点以及节点之间的链接。在这种情况下，节点表示变量，链接表示因果关系。当链接有方向时，图就变成了有向的。例如，如果 x 导致 y，那么就会有一个有向链接 x → y。无环一词排除了循环的存在；如果 x → y，不可能有 x ← y，因此因果关系是单向的。Judea Pearl 是一位计算机科学家，因其在贝叶斯网络方面的工作而获得图灵奖，他开发并推广了一种使用 DAG 进行因果分析的方法。给定数据和 DAG，问题是你是否可以识别特定的因果效应。识别不同于估计，估计使用统计技术来计算样本估计值。[注2]

图 15-1 显示了最简单的干扰因子和对撞因子的 DAG，其中 x 和 y 没有因果关系。左侧 DAG 显示了两个因果关系（c → x, c → y），因此 c 是 x 和 y 的共同原因。在右图，也有两个因果关系（c ← x, c ← y），因此 c 是常见效应。

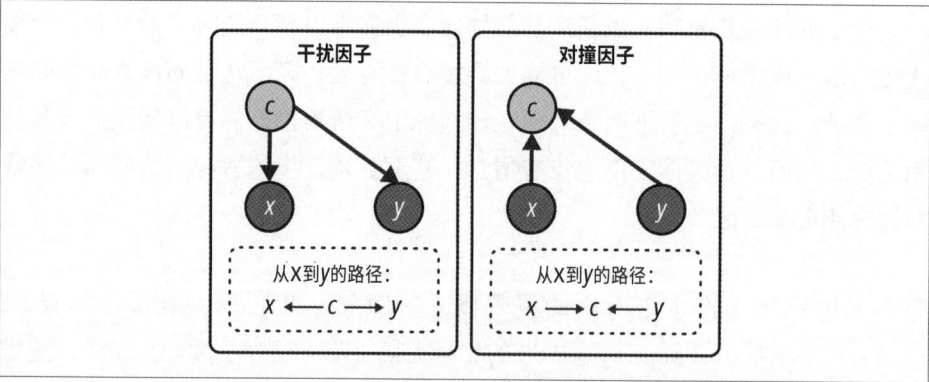

图 15-1：带有干扰因子和对撞因子的 DAG：无因果关系

当两个可能不相关的变量（x, y）有一个共同的原因（c）时，就会出现混杂偏差。如果你对 x 进行 y 回归分析，而不控制 c，你会发现它们之间存在虚假相关性。如果观察到干扰因子，你需要做的就是以干扰因子为条件，这样就可以确定因果关系（如果有的话）。问题出现在未观察到的干扰因子上，因为根据定义你无法控制它们。在这种情况下，你将无法识别因果关系（如果有的话）。

注2：　DAG 识别方法在计算机科学家和流行病学家中很流行，而潜在结果方法在统计学家和经济学家中很流行。我将在下文中更多地讨论后者。

对撞因子是两个变量的共同效应，是控制不当的典型例子，因为将其纳入回归分析中会导致估计出现偏差。如果你对 x 进行 y 的回归分析并控制 c，你会发现一个不存在的虚假关系。

为了了解发生了什么，我模拟了干扰因子的以下数据生成过程（请注意，x 到 y 没有因果关系）：

$$c \sim N(0,1)$$
$$\epsilon_x \sim N(0,1)$$
$$\epsilon_y \sim N(0,2)$$
$$x = 10 + 0.5c + \epsilon_x$$
$$y = -2 + 3c + \epsilon_y$$

类似地，对撞因子的数据生成过程是（同样，从 x 到 y 没有因果关系）：

$$\epsilon_x \sim N(0,1)$$
$$\epsilon_y \sim N(0,2)$$
$$\epsilon_c \sim N(0,0.1)$$
$$x = 10 + \epsilon_x$$
$$y = -2 + \epsilon_y$$
$$c = 5 - 2x + 10y + \epsilon_c$$

随后，我运行蒙特卡罗（MC）模拟，估计 y 对 x 的线性回归，控制 c 和不控制 c。我在图 15-2 中绘制了特征 x 的估计系数和 95% 置信区间。

对于干扰因子的情况，不控制 c 会产生统计上显著的虚假相关性，从而错误地表明 x 和 y 是相关的（更糟糕的是，你可能会得出 x 导致 y 的结论）。值得注意的是，一旦在回归中包含干扰因子，这种相关性就会消失，从而可以对不存在的关系做出正确的推断。

对于对撞因子，情况正好相反：由于它是一个不良的控制，因此将其从回归中排除使估计的 x 对 y 的影响在统计上不显著。如果你错误地认为 c 应该作为一个特征包括在内，那么你最终会得出存在因果关系的结论，而实际上并没有。

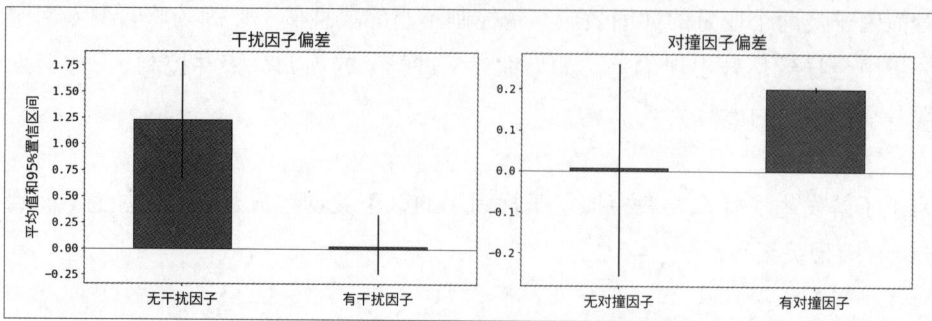

图 15-2：干扰因子和对撞因子偏差（参数估计和 95% 置信区间）

这两种偏差在应用中都很普遍，不幸的是，它们严重依赖于结果的因果模型。换句话说，在尝试估计因果效应之前，你必须为你的结果提出一个模型（DAG）。只有这样，你才能决定现有数据是否足以识别给定的因果效应。具体来说，你必须控制任何干扰因子，并确保不控制对撞因子（有时这两个考虑因素相互冲突，因为一个变量可能同时是干扰因子和对撞因子）。

该过程通常被称为后门标准：对于干扰因子，你必须通过控制来关闭所有后门；对于对撞因子，则相反；否则，你将打开那些后门而无法识别因果关系。[注3]

出现的另一个实际问题与代理干扰因子有关。如前所述，未观察到的干扰因子会妨碍识别因果关系，因此你可能倾向于使用与干扰因子有一定相关性的代理变量。希望你仍然可以使用这些不太理想的替代品来估计因果关系。不幸的是，答案并不好：偏差的程度主要取决于相关性的强度。图 15-3 显示了干扰因子和 x 对 y 的真实因果效应的 MC 模拟情况。[注4]

注 3：　请注意，后门准则还包括一个条件，即不对处理后代（导致结果的变量）进行控制。

注 4：　DGP 本质上与以前相同，但我引入了两个变化：我绘制 c, proxy ~ N(0, Σ(ρ)) 以使得真实的未观察到的干扰因子（c）和观察到的代理之间存在不同的相关系数，我将结果建模为 $y = â2 + 3c - 2x + \in_y$，以使从 x 到 y 存在因果关系。

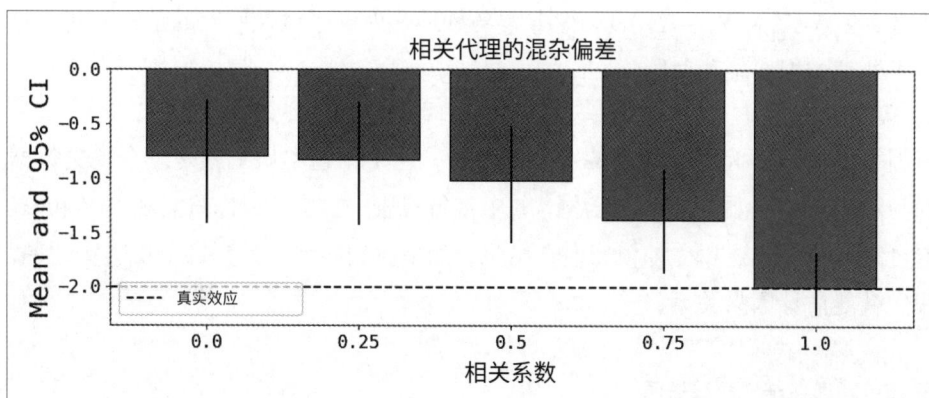

图 15-3：相关代理的混杂偏差

15.3 选择偏差

选择偏差对于因果分析来说，这是一个非常重要的概念，但它对于不同的学科有不同的含义（*https://oreil.ly/TGxkr*）。对于统计学家和经济学家来说，它与处理中的选择有关，而对于计算机科学家来说，它是指处理后的选择，这种选择会改变受访者的样本；前者是一种混杂偏差，而后者会产生完全不同的 DAG（与幸存者偏差更相关，如第 6 章所述）。在本节中，我描述的是前者（选择进行处理），这通常与潜在结果文献相关。现在我将介绍这种符号。[注5]

潜在结果的概念与反事实密切相关。考虑二元处理（D）的情况，其中每个单元 i 要么得到处理（$D_i = 1$），要么得不到处理（$D_i = 0$）。每种处理都有一个唯一的潜在结果，表示为 Y_{1i} 或 Y_{0i}，分别对应于得到或得不到处理。对于每个单元，我们只能观察到其中一个潜在结果，表示为 Y_i；另一个潜在结果是反事实的，所以你不会观察到它。观察到的结果和潜在结果之间的关系可以总结如下：

$$Y_i = \begin{cases} Y_{1i} \text{ if } D_i = 1 \\ Y_{0i} \text{ if } D_i = 0 \end{cases}$$

注5：　区分不同类型的选择偏差很重要。正如我稍后将展示的，随机化可以排除处理中的选择，但不能解决处理后选择的问题。

或者，$Y_i = Y_{0i} + (Y_{1i} - Y_{0i})D_i$，它非常巧妙地映射到了线性回归的结构，其中包含了处理虚拟变量和截距。

将因果关系理解为潜在结果的一个优点是，这个问题本质上就是一个缺失数据的问题。表 15-1 显示了一个示例，其中每行代表一位客户。你只需观察 Y 和 D，就可以使用上述逻辑立即填写潜在结果。如果我们能够观察到每个反事实结果，我们就能估计因果关系。

表 15-1：潜在结果和缺失值

	Y	Y0	Y1	D
1	6.28	6.28	NaN	0
2	8.05	8.05	NaN	0
18	8.70	NaN	8.70	1
7	8.90	NaN	8.90	1
0	9.23	9.23	NaN	0
16	9.44	NaN	9.44	1

举个例子，假设我想估计提供带有本书代码的 GitHub 存储库是否会增加本书的销量。我的直觉是，知道有可用的代码会增加购买的可能性，要么是因为潜在客户认为这本书质量更高，要么是因为他们知道有了代码，学习之路会更容易，我想量化这种影响，因为创建代码存储库的成本很高。我会与我的网页访问者样本沟通，并将其提供给他们（$D_i = 1$）；对于其余访问者，我不会将其提供给他们（$D_i = 0$）。结果是一个二元变量，销售（$Y_i = 1$）或没有销售（$Y_i = 0$）。

对于每个样本 i，$Y_{1i} - Y_{0i}$ 是提供代码的因果效应。由于每个样本只观察到其中一个结果，我们需要使用接受和未接受处理的样本来估计它。估计它的一种方法是使用观察到的均值差异：$E(Y_i | D_i = 1) - E(Y_i | D_i = 0)$。实际上，你可以用样本矩替换期望以得到 $\bar{Y}_{D_i = 1} - \bar{Y}_{D_i = 0}$，这解释了为什么我说它是观察到的。

坏消息是，观察到的差异不能估计存在选择偏差时的因果效应：

$$\underbrace{E(Y_i|D_i=1) - E(Y_i|D_i=0)}_{\text{Observed Difference in Means}} = \underbrace{E(Y_{1i} - Y_{0i}|D_i=1)}_{\text{ATT (casual effect)}} + \underbrace{E(Y_{0i}|D_i=1) - E(Y_{0i}|D_i=0)}_{\text{Selection Bias}}$$

这种分解非常方便，因为它表明，在存在选择偏差的情况下，观察到的均值差异将偏离我们感兴趣的因果效应，通常称为对接受处理的平均处理效应（ATT）。ATT回答以下问题：只考虑那些接受了处理的人，他们的结果与如果没有接受处理所能得到的结果之间的预期差异是多少？第二个结果是反事实，因此差异对他们产生了因果影响。[注6]

第三项代表选择偏差，显示了观察到的均值差异为何可能偏离因果效应。为了说明这意味着什么，我将使用以下符号表示：

$$\text{Selection Bias} = \underbrace{E(Y_{0i}|D_i=1)}_{A} - \underbrace{E(Y_{0i}|D_i=0)}_{B}$$

回到之前的例子，你可以将代码库视为一家公司（在本例中就是我）的昂贵操作，可以将其分配给每个人，也可以有选择地分配。图15-4显示了两种类型的选择偏差。当存在正向（负向）选择时，因果效应往往会被高估（低估）。

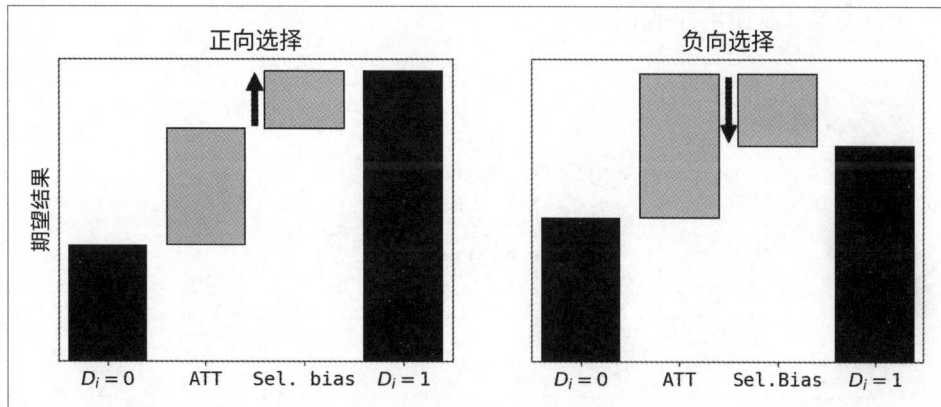

图 15-4：正向选择和负向选择

注6： 请注意，你可以估计其他因果效应，即平均处理效果（ATE）或平均处理对未处理的影响（ATU）。我在本章末尾提供了参考资料。

让我们从正向选择开始，如果我将这种选择给予那些已经更有可能购买这本书的人，就会发生这种情况。或者，对于那些获得代码库的人来说，购买的概率更高，与操作导致的增量无关。这意味着 A ⩾ B，高估了偶然效应。类似的论点表明，在负向选择中，A ⩽ B，低估了偶然效应。

选择偏差在观察数据中普遍存在。要么是你（或公司的某个人）选择了实验参与者，要么是客户自己选择的。代码库示例是公司选择的典型例子，但自我选择也很常见。在第 4 章我引入了逆向选择的概念，即风险最高的客户（即无法偿还贷款）也更愿意接受贷款。逆向选择是自我选择的一个常见的例子。

> 彻底了解特定用例中的选择偏差，可以让你在理解和估计因果关系方面取得很大进展。每当你关注增量时，请问问自己是否存在任何类型的选择偏差。这意味着你必须认真思考你正在分析的处理中的选择机制。

幸运的是，检查选择偏差在概念上是相对简单的：取一组处理前变量 X，计算处理组和对照组之间的差异。处理前变量是指可能影响处理选择的变量。第 6 章展示了如何使用提升，但出于统计原因，更常见的是使用均值差异而不是比率（因为这可以使用标准 t 检验）。

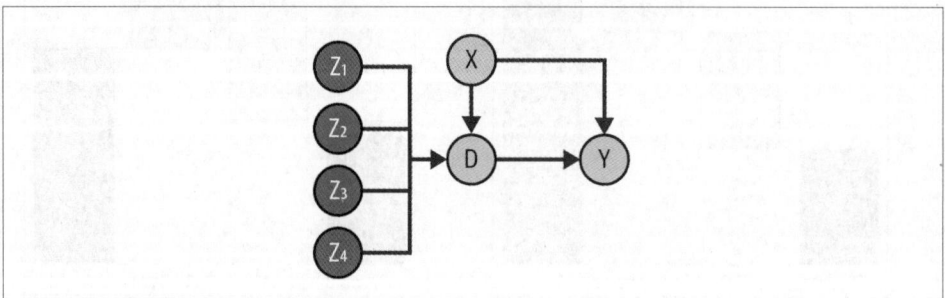

图 15-5：选择偏差和干扰因子

图 15-5 展示了可用于模拟选择偏差的 DAG 示例。有两组预处理变量（$Z_1, \cdots, Z_4, X$），它们都影响处理选择（D）。结果（Y）取决于处理和 X。请注意，

X 是一个干扰因子，如果你控制处理，变量 Z_k 不会产生偏差。这些其他预处理变量可能因处理组和对照组而异，但这些差异不会造成选择偏差。

15.4 无混淆假设

考虑到这一点，现在是时候介绍识别因果关系所需的主要假设了。这个假设有不同的名称，例如无混淆、可忽略性、条件可交换性、可观测量选择和条件独立性。

该假设意味着潜在结果和处理选择在统计上是独立的，取决于一组观察到的控制：

$$Y_0, Y_1 \perp\!\!\!\perp D | X$$

这一关键假设有两种不同的解释，一种是从决策者（选择机制的所有者）的角度，另一种是从数据科学家的角度。

从决策者开始，回想一下，选择处理方案既可以由客户（自我选择）完成，也可以由处理方案的所有者（你或你公司的某个人）完成。该假设禁止决策者考虑潜在结果。

例如，在讨论正向选择和负向选择时，我是选择机制的所有者，这显然取决于我是否想激励更有可能或不太可能进行购买的潜在客户。这和说选择取决于潜在结果是一样的：如果 $Y_{0i} = 0$，则客户不会在没有代码库的情况下购买该书，因此我可能希望激励他们（负向选择）。正向选择也适用类似的原理。这两种情况都可能导致违反无混淆性。

从数据科学家的角度来看，你需要提前知道所有相关变量，这些变量在原则上可能会影响选择机制（然后你可以控制它们并实现条件独立性）。我希望你能明白为什么因果推理如此困难：你不仅需要了解结果的正确模型（DAG），还需要观察所有相关变量。后者解释了为什么该假设也称为可观察变量选择。任何未观察到的干扰因子都会导致选择偏差。对于观察数据，这两个条件都很难实现，这就需要我们进行 A/B 测试。

15.5 打破选择偏差：随机化

随机对照试验（RCT），或企业术语中更为人熟知的 A/B 测试，是估计因果关系的典型方法。原因是，从设计上讲，可以确保无混淆假设：处理选择仅取决于伪随机抽取的结果，从构造上讲，它与潜在结果无关。

让我们看看在实践中是如何运作的。首先，你需要定义样本中处理的分数（p），在最常见的 A/B 测试设计中，该分数通常设置为一半。然后，你从均匀分布（u）中抽取数据，并将选择定义为：

$$D_i = \begin{cases} 1 \text{ if } u \geqslant p \\ 0 \text{ if } u < p \end{cases}$$

以下代码片段实现了这种随机选择机制。用户提供样本总量（n_total）、处理比例（frac_treated）以及随机数生成器的种子，以便以后进行复制。结果是一个布尔数组，它将指示样本中的每个单元是否被选中（True）或未被选中（False）。

```
def randomize_sample(n_total, frac_treated, seed):
    "Function to find a randomized sample"
    np.random.seed(seed)
    unif_draw = np.random.rand(n_total)
    bool_treat = unif_draw >= frac_treated

    return bool_treat
```

如上所述，无混淆性也称为（条件）可交换性。在示例中，如果我将选择随机化到实验组中，由于可交换性，我预计实验组和对照组中自然购买这本书的人数比例相同。一个组中的任何增量销售都必须完全取决于我提供的操作。这就是 A/B 测试的魅力所在。

随机化时，必须确保满足稳定单位处理值假设（SUTVA）。SUTVA 有两个要求：(i) 处理对所有接受处理的个体都相同（例如，在药物试验中，所有患者必须获得相同的等效剂量）；(ii) 单位之间没有干扰，因此一个单位的潜在结果不会因其他单位的处理分配而变化。

在一些在线应用中经常会违反后一种条件，例如 Uber, Lyft (*https://oreil.ly/Y3hWH*) 或 Airbnb。假设你想测试价格折扣是否会提高收入。[注7] 处理（折扣）可能会减少对照组的可用供应量，从而产生影响其潜在结果的外部性。在这些情况下，最好使用区块随机化，其中首先将样本分成互斥的集群，然后跨集群而不是跨单位随机化处理。

15.6 匹配

尽管 A/B 测试很棒，但你可能并不总是可以使用，尤其是当处理成本非常高时。例如，假设你在一家电信公司工作，想知道安装天线（带有所有必需的组件）是否会增加其收入。你可以设计一个 A/B 测试，在各个地理位置随机安装新天线。如果样本量足够大，此设置将允许你估计它们的增量。不用说，这个测试的成本太高了。

有几种技术可以让你用观察数据估计因果效应，但它们都依赖于无混淆假设的满足。这里我只想提一下匹配（和倾向得分匹配），因为它很好地捕捉了基于可观察变量选择的直觉，以及你如何通过找到一组合适的单位来进行对照组的随机化尝试。

考虑随机化的一种方法是，处理组和对照组在接受处理前是相等的，这意味着如果你从每个组中随机选择一个单位并就任何一组变量（X）进行比较，它们应该基本相同。一个问题是，我们是否可以在处理后创建一个有效的对照组，对可观察对象进行选择。这就是匹配试图做的事情。

匹配算法的工作原理如下：

注7：　市场有需求方和供应方。需求方的例子是拼车的乘客，或 Airbnb 的客人。

1. 为结果提出一个 DAG，并确保可观察对象的选择是有效的。实际上，这意味着你有一个合理的选择机制因果模型，并且你可以观察所有预处理特征 X。

2. 循环遍历所有已处理的单元：

   a. 找到合适的单独对照组。对于每个单元 i，找出在 X 方面最接近 i 的 m 个单元组。用 C(i) 表示。m 是控制偏差与方差权衡的元参数：大多数人使用 m = 1，这可能导致偏差较低但方差较大。你可以增加该数字并尝试这种权衡。

   b. 计算对照组的平均结果。一旦你有了单位 i 的控制组，你就可以计算平均结果 $\bar{y}_{0i} = (1/m)\sum_{j \in C(i)} y_j$。

   c. 计算单元 i 的平均处理效果。计算差异 $\widehat{\delta_i} = y_i - \bar{y}_{0i}$。计算处理组的平均处理效果。

3. ATT 是处理组（N_T）中所有 n_t 个体处理效应的平均值：

$$\text{ATT} = \frac{1}{n_t} \sum_{i \in N_T} \widehat{\delta}_{i_i}$$

我希望你喜欢这种匹配算法的简单性和直观性。关键是，每个经过处理的单元都与一个与其最相似的对照组相匹配，无论是否存在干扰因子。对于连续特征，你需要做的就是计算 i 与所有未处理单元 j 之间的欧几里得距离：

$$d_{ij} = \sqrt{\sum_k \left(x_{ik} - x_{jk} \right)^2}$$

如果你有混合数据，其中特征可以是连续的也可以是分类的，会发生什么情况？原则上，你可以应用足够通用的距离函数。[注8] 但是还有另一个非常重要的结果，即倾向得分定理（PST），我现在将介绍它。

注8: 例如，请参阅 Kacper Kubara 的帖子，"The Proper Way of Handling Mixed-Type Data. State-of-the-Art Distance Metrics" （*https://oreil.ly/gEn5R*）。

倾向得分是在某些协变量或控制条件下给定单位获得处理的概率：

$$p(X_i) = \text{Prob}(D_i = 1 | X_i)$$

PST 表示，如果无混淆性以特征 X 为条件成立，则它也以 p(X) 为条件成立。这个结果的重要性主要体现在计算方面：如果你已经实现了使用 X 假设条件独立性这一关键飞跃，那么你就可以使用倾向得分来匹配处理单元和未处理单元。倾向得分可以用你最喜欢的分类算法来估计（例如梯度提升、随机森林或逻辑分类器），这些算法自然会处理混合数据。

请记住，无混淆性是一个无法用任何给定数据集进行测试的假设。你首先要使用 DAG 来捕获你对处理、结果和任何其他相关控制之间的任何依赖关系的假设。接下来的一切都取决于这个关键假设。

由于其关键性，与同事、数据科学家或其他人讨论并记录你的假设（DAG）始终是一个好主意。很多时候，你的业务利益相关者可以提供宝贵的见解，了解选择机制的驱动因素。

我现在总结一下倾向得分匹配算法，跳过常见的步骤：

1. 训练分类算法来估计获得处理的概率。使用经过处理和未经处理的样本，估计 $p(X_i)$。

2. 使用倾向得分匹配处理过的单元。对于每个经过处理的单元 i，计算所有未经处理的单元的倾向得分的绝对差值：

$$d_{ij} = | \hat{p}(X_i) - \hat{p}(X_j) |$$

3. 使用排序后的差值选择控制组。对所有差值按递增方式排序，并将前 m 个分配给控制组 C(i)。

匹配（和倾向得分匹配）虽然直观，但计算成本很高，因为你必须循环遍历每个处理过的单元，然后对于每个单元，你必须循环遍历每个未处理的单元和每个特征，所以最终复杂度为 $O(n_t \times n_c \times k)$，用 Big O 符号表示。在代码库（*https://oreil.ly/dshp-repo*）中，你能找到该算法的两个版本，一个使用循环，另一个使用 Numpy 和 Pandas 的广播功能，这大大减少了执行时间。

为了在实践中看到这两者，我模拟了一个类似于前面描述的模型，其中有两个影响选择概率和结果的干扰因子，真实的处理效果等于二。[注9] 对于倾向得分，我使用了两种替代算法：开箱即用的梯度提升分类器（GBC）和逻辑回归。我为每个估计器都通过自助法构建了 95% 的置信区间。图 15-6 显示结果，其中每个图的横轴显示当你调整控制组的大小（m）时发生的情况。

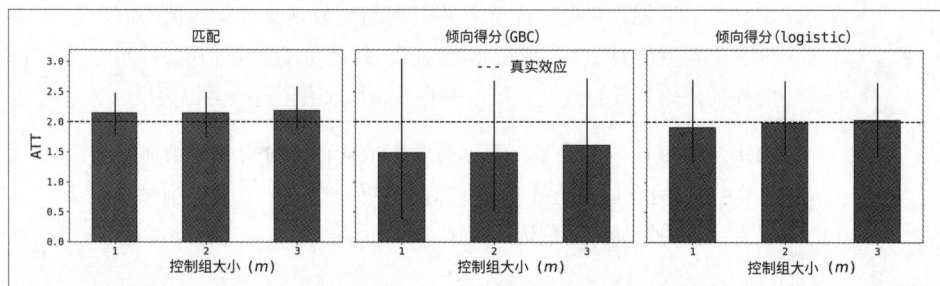

图 15-6：匹配和倾向得分匹配的结果

很明显，所有方法都正确地估计了真正的因果关系，但使用 GBC 的倾向得分匹配略微低估了它（真实估计仍然在 95% 的置信区间内）。增加单个控制组的大小似乎对普通匹配和使用逻辑回归的倾向得分匹配的偏差和方差都没有影响，但它会略微降低 GBC 的置信区间。

15.7 机器学习和因果推理

尽管机器学习在过去几年中取得了令人瞩目的增长，但可以肯定地说，除了许多组织定期进行的 A/B 测试外，因果推理仍然相当小众。在本节中，我将尝试总结将这两个研究领域联系起来的一些最新发展。

注9： 详细信息可以参阅代码库（*https://oreil.ly/dshp-repo*）。

15.7.1 打开源代码库

正如机器学习的开源库为从业者消除了一些进入门槛一样，一些新的举措也试图为因果推理做同样的事情。

微软的因果推理研究团队已经开展了多个项目，包括 EconML（*https://oreil. ly/8QMHp*），Azua（*https://oreil.ly/rowav*）以及 DoWhy（*https://oreil.ly/ Ber5G*）。

作为 DoWhy 解释（*https://oreil.ly/jaTr2*）的贡献者解，他们的目标是：

- 通过因果图（DAG）提供建模框架。

- 结合 DAG 和潜在结果方法的优点。

- "如果可能的话，自动'测试'假设的有效性，并'评估'估计对违规行为的稳健性"。

最后一个目标可能是对从业者最具吸引力的，因为通过提供处理、结果、其他数据和一个因果模型，你可以获得足够的关于你是否有了识别能力和一系列合理的估计值的信息。正如你所预期的那样，自动化是由 Judea Pearl（*https:// oreil.ly/JmYKa*）和计算机科学界引领的研究计划的核心。

EconML 是一个 Python 库，旨在使用最先进的 ML 技术来估计因果关系。顾名思义，它所提供的方法是"计量经济学和 [ML] 的交集"。你可以找到一些在无混淆假设下工作的非常新的方法，例如双重机器学习、双重稳健学习和基于森林的估计器。我稍后会详细介绍这一点。

Azua 是一个库，旨在使用最先进的 ML 方法来改进决策。该问题分为两个独立的阶段，称为下一个最佳问题和下一个最佳行动。前者关注的是需要收集哪些数据才能做出更好的决策，包括缺失值插补问题以及不同变量对于给定问题的信息量。后者使用因果推理为明确定义的目标函数提供最佳行动。

CausalML（*https://oreil.ly/W2Vn8*）是 Uber 创建的另一个 Python 库。它包括几个基于 ML 的因果推理估计器，用于提升建模，例如树和元学习器。类似的库还有 pylift（*https://oreil.ly/Akxdj*）。

要理解提升建模（*https://oreil.ly/3LMlX*），想象一下你训练了一个交叉销售分类器，该分类器将预测哪些客户会购买你公司的一款特定产品。训练完成后，你可以绘制分数的分布，如图 15-7 所示，在那里我将所有评分的客户分为三组。A 组是具有高购买概率的客户。B 组客户的购买概率较低，而 C 组则被认为极不可能购买。

在你的营销活动中你应该瞄准哪些客户？许多人决定针对 A 组，但这些客户最有可能进行自发购买，因此你可以利用这个昂贵的激励去吸引其他客户。另外，C 组的客户购买可能性极低，因此激励成本将非常高。基于这种理由，B 组是更好的目标客户。

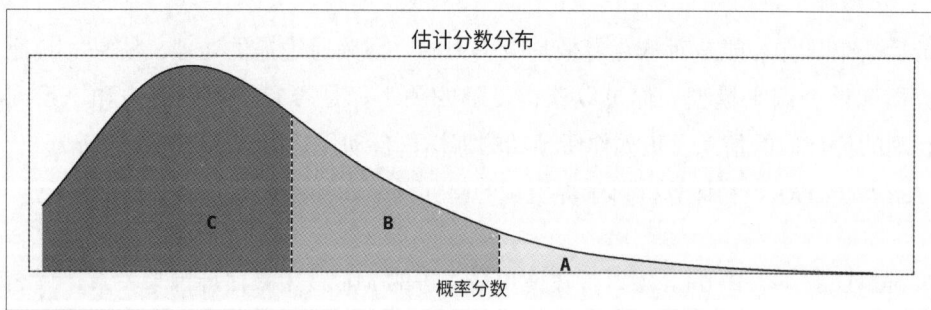

图 15-7：交叉销售概率分数的分布

提升建模的目的是利用处理组和对照组的信息来估计处理的增量，从而使这种直观的讨论形式化。

15.7.2 双重机器学习

当目标是学习一般的数据生成过程，如 y = f(X) 时，机器学习算法非常有用。当使用 DAG 描述因果模型时，不会提及链接的函数形式，只会提及它们的存在。传统上，因果效应使用线性回归来估计，因为它简单且透明。双重机器学习（DML）和类似技术旨在利用非线性学习的预测能力和灵活性来估计因果效应。

要了解机器学习如何改善因果关系的估计，请采用以下部分线性模型：

$$y = \theta D + g(X) + u$$
$$D = h(X) + v$$

像往常一样，结果取决于处理和一些特征，处理也取决于特征集（以产生干扰因子或选择偏差）。函数 g 和 h 可能是非线性的，处理效果由 θ 给出，u、v 是独立的噪声项。请注意，非线性可能只对干扰因子起作用，但这些不允许与处理有相互作用。

DML 估计器的想法是利用非线性学习器（如随机森林或梯度提升）的能力来学习每个函数并估计处理效果。无须赘述，该过程涉及两个关键概念：

正交化
　　正如所述第 10 章正交化包括将协变量 X 对结果和处理的影响部分化。你可以使用所需的灵活学习器并对残差进行回归以获得因果效应。

样本划分
　　样本被随机分成两半，一半用于训练，另一半用于估计和评估。这对于避免过度拟合造成的偏差是必要的，并提供了一些理想的大样本特性。

该算法的工作原理如下：

1. 将样本随机分成两半：S_k, k = 1, 2。

2. 使用样本 1，对 g() 和 h() 都在 S_1 上训练你的学习器。

3. 使用样本 m ≠ 1 中的单元 i 估计残差：

$$\hat{u}_i = y_i - \hat{g}(X_i)$$
$$\hat{v}_i = D_i - \hat{h}(X_i)$$

4. 计算估计量：[注10]

$$\hat{\theta}\left(S_l, S_m\right) = \left(\frac{1}{n_m} \sum_{i \in S_m} \hat{v}_i D_i\right)^{-1} \left(\frac{1}{n_m} \sum_{i \in S_m} \hat{v}_i \hat{u}_i\right)$$

5. 对每个子样本的估计值取平均值：

$$\hat{\theta} = 0.5 \times \left(\hat{\theta}\left(S_l, S_m\right) + \hat{\theta}\left(S_m, S_l\right)\right)$$

在代码库（*https://oreil.ly/dshp-repo*）中你可以找到使用线性和非线性数据生成过程的模拟实现和结果。在这里，我只想展示 ML 通过提供更强大和通用的预测算法影响因果推理的一种途径。

15.8 关键要点

以下是本章的要点：

什么是增量？

增量是应用因果推理来估计操作的变化是否改善了业务结果。

为什么要关心增量（v.0）？

假设数据科学通过提高我们的决策能力来创造价值，增量性对于了解哪些决策值得扩展以及哪些决策应该回滚至关重要。

为什么要关心增量（v.1）？

即使改善决策不是你或你的团队的首要任务，对因果关系的广泛了解也应该有助于你提高 ML 模型的预测性能。

因果关系方法

一般而言，有两种替代（且互补）的方法来识别和估计因果关系：DAG 方

注 10： 请注意，此表达式与你从 Frisch-Waugh-Lovell 程序（通过对部分残差进行回归所获得的结果）不完全相同。此表达式实际上更接近于工具变量估计量（请参阅本章末尾的参考资料）。双重机器学习的创建者提出了另一种更接近 FWL 逻辑的估计量（请参阅第 4 节）。

法和潜在结果方法。前者利用图形（和 Do-Calculus）来寻找识别条件。后者将问题转化为缺失数据和选择机制问题，因为在任何给定时间，每个单元只能观察到一个潜在结果。

干扰因子和对撞因子

干扰因子是常见原因，而对撞因子是处理和结果的常见影响因素。不考虑干扰因子会打开后门，导致因果估计有偏差。另外，对撞因子是不良控制的一个例子，因为将其作为模型中的一个特征（或更一般地说，以它为条件）也会打开后门并产生偏差。

选择偏差

对于统计学家和经济学家来说，选择偏差是一种混杂偏差，用于选择处理对象。对于流行病学家和计算机科学家来说，它指的是在实施处理后选择样本。以 RCT 或 A/B 测试形式出现的随机化解决了前者，但不能解决后者。

随机化和匹配

通过将随机选择处理，你可以有效地打破选择（进行处理）偏差。这解释了为什么只要有选项可用，A/B 测试就会成为行业标准。对于观察数据，有许多技术可用于估计因果效应，但它们都依赖于无混淆假设的有效性。这里我只讨论了匹配和倾向得分匹配。

15.9 扩展阅读

在我的著作《Analytical Skills for AI and Data Science》中，我深入讨论了增量性和因果关系对于规范数据科学的相关性。在 Ajay Agrawal 等的《Prediction Machines: The Simple Economics of Artificial Intelligence》（Harvard Business Review Press）和最近的《Power and Prediction: The Disruptive Economics of Artificial Intelligence》（Harvard Business Review Press）中也可以找到类似的观点。

关于因果推理的介绍可以在由 Andrew Gelman 和 Jennifer Hill 编写的《Data Analysis Using Regression and Multilevel/Hierarchical Models》（Cambridge University Press）一书中第 9 章（*https://oreil.ly/j2JfH*）找到。

如果你对 DAG 因果关系方法感兴趣，可以参阅 Judea Pearl 和 Dana Mackenzie 合著的《The Book of Why: The New Science of Cause and Effect》（Basic Books）。Pearl 的《Causality: Models, Reasoning and Inference》（第 2 版）（Cambridge University Press）中提供了更技术性的处理。如果你首先想获得一些直觉，前者更适合，而后者则对 DAGS 和 do-calculus 进行了深入介绍。识别的后门和前门标准至关重要。

潜在结果方法一直受到经济学家和统计学家的推崇。如果你有兴趣了解选择偏差以及线性回归与其他方法（例如本章中讨论的匹配估计量）相比的诸多方面，那么 Joshua Angrist 和 Jorn-Steffen Pischke 合著的《Mostly Harmless Econometrics: An Empiricist's Companion》（Princeton University Press）是一本很好的参考书。你还可以找到对工具变量的完整处理，该内容在 DML 估计量的脚注中进行了讨论。

由 Guido Imbens 和 Donald Rubin 合著的《Causal Inference for Statistics, Social, and Biomedical Sciences: An Introduction》（Cambridge University Press）从潜在结果的角度对该主题进行了全面介绍，也称为 Rubin 因果模型（Donald Rubin 最初正式化并发展了该理论）。如果你想了解选择机制的作用，这是一本很好的参考书。这本书也对 SUTVA 进行了详细讨论。

近年来，一些作者试图充分利用这两种方法。在经济学家方面，Scott Cunningham 的《Causal Inference: The Mixtape》（*https://oreil.ly/mlTOy*）（Yale University Press）和 Nick Huntington-Klein 的《The Effect: An Introduction to Research Design and Causality》（*https://oreil.ly/DewAm*）（Chapman and Hall/CRC）讨论了几种识别和估计的方法，并对 DAG 进行了清晰的介绍。

虽然 Miguel Hernan 和 James Robins 在 DAG 文献中备受推崇，但他们的著作《Causal Inference: What If》（CRC Press）使用潜在结果来引入因果关系和反事实，并使用 DAG 得出许多重要结果。

Guido Imbens 于 2021 年与 David Card 和 Joshua Angrist 共享了诺贝尔经济学奖（*https://oreil.ly/8p3Yr*），与 Judea Pearl 就这两种方法的相对实用性进行了多

次讨论。你可以在"Potential Outcome and Directed Acyclic Graph Approaches to Causality: Relevance for Empirical Practice in Economics"中找到他的观点和评论（论文，*https://oreil.ly/OcAm8*，2020 年）。你可能还对阅读 Judea Pearl 的回复（*https://oreil.ly/tz8Hl*）感兴趣。

此外，如果你对这些不同的思想流派如何演变及其观点感兴趣，你可以查看无门槛特刊（*https://oreil.ly/MXYlp*）《Observation Studies》第 8 卷第 2 期（2022 年）。其中采访了 Judea Pearl、James Heckman（另一位诺贝尔经济学奖获得者）和 James Robins（一位领导通过结构建模进行因果推理研究的流行病学家），了解了他们对这一主题的看法和不同的方法。

Carlos Cinelli 等，"A Crash Course in Good and Bad Controls"（Sociological Methods and Research，2022，可用在线版（*https://oreil.ly/TqTkX*）系统地讨论了不良控制的问题。

Elias Bareinboim 等，《Recovering from Selection Bias in Causal and Statistical Inference》[AAAI Conference on Artificial Intelligenc 第 28 卷第 1 期，2014 年，另可查阅在线的（*https://oreil.ly/ZCxGS*）]。从处理后样本选择的角度讨论了选择偏差。关于这个话题，你也可以阅读 Miguel Hernan 对不同偏见的类型的讨论（*https://oreil.ly/B6rey*）以及 Louisa H. Smith 的论文 "Selection Mechanisms and Their Consequences: Understanding and Addressing Selection Bias"（《Current Epidemiology Reports》第 7 卷，2020 年，也可查阅）在线的（*https://oreil.ly/uqNR4*））。

由 Ron Kohavi 等撰写的《Trustworthy Online Controlled Experiments》（Cambridge University Press）讨论了 A/B 测试设计中的许多重要主题，包括干扰或 SUTVA 问题。你还可以查看 Peter Aronow 等撰写的《Spillover Effects in Experimental Data》，收录于 J. Druckman 和 D. Green 编辑的《Advances in Experimental Political Science》[Cambridge University Press，arXiv（*https://oreil.ly/ZrQQa*）]。

Matheus Facure 的《Causal Inference in Python》（O'Reilly）概述了许多本书中讨论的主题。你也可以在线查看他的"Causal Inference for the Brave and True"（*https://oreil.ly/IgsQE*）。

关于提升建模，你可以查看 Shelby Temple 的"Uplift Modeling: A Quick Introduction"（*https://oreil.ly/uqdHd*）一文，发表在（《Towards Data Science》，2020 年 6 月）。Eric Siegel 的《Predictive Analytics: The Power to Predict Who Will Click, Buy, Lie, or Die》（Wiley）第 7 章向公众介绍了这个话题。

Jean Kaddour 等，"Causal Machine Learning: A Survey and Open Problems"（2022 年，arXiv，*https://oreil.ly/OBIUu*）提供了除机器学习和因果关系之外的许多本章未讨论的重要主题的最新摘要。

如果你想了解双重机器学习，可以参考文章（*https://oreil.ly/TIcnB*），由 Victor Chernozhukov 和他的合著者撰写，"Double/Debiased Machine Learning for Treatment and Structural Parameters"（Econometrics Journal 21，第 1 期，2018 年）。我也发现 Chris Felton 的演讲笔记（*https://oreil.ly/3ZkfG*）和 Arthur Turrell 的"Econometrics in Python Part I—Double Machine Learning"发布在（*https://oreil.ly/89gBR*）。Python 和 R 包（*https://oreil.ly/3M6bU*）。EconML 包（*https://oreil.ly/Ks5RT*）中也有估计 DML 的方法。

第 16 章

A/B 测试

第 15 章描述了随机化对估计因果关系的重要性，而数据科学家实际上可以使用这种方法。A/B 测试利用这种能力在类似于局部优化的过程中提高组织的决策能力。

本章介绍 A/B 测试，可以帮助你了解相对简单的程序中的诸多复杂之处，从而改善决策制定。

16.1 什么是 A/B 测试

最简单的 A/B 测试是一种评估两个替代方案中哪一个在给定指标上表现更好的方法。A 表示默认或基准替代方案，B 表示竞争方案。更复杂的测试可以同时提供多个替代方案以找到最佳方案。使用来自第 15 章的说法，接受 A 或 B 的单元也分别称为控制组和实验组。

从这个描述中你可以看出每个 A/B 测试都包含以下几个要素：

指标

作为改进决策的核心，A/B 测试的设计应始终从选择正确的指标开始。第 2 章应该可以帮助你找到要实施的测试的合适指标。我将用 Y 表示这个结果指标。

操作或者备择方案

定义好指标后，你可以回头思考最直接影响该指标的操作。一个常见的错误是从一个替代方案开始（例如，你网页或应用中按钮的背景颜色），然后尝试反向工程某个指标。我在实践中多次见过这种情况，它几乎总是导致时间浪费、团队挫败和不确定的结果。

随机选择

你必须始终定义谁可以访问哪个替代方案。A/B 测试也称为随机对照试验，因为根据设计，处理选择是随机的，从而打破了可能出现的任何混杂因素或选择偏差。

16.2 决策标准

参与实验的每个单元 i 都有一个相关结果，用 Y_i 表示。在实验结束时，你已经收集了两组单元的该指标数据，你的任务是确定新替代方案是否优于默认方案。

提出这个问题的方法有很多种，但最常见的方法是比较两组的样本平均值。这里的关键难点在于你需要将信号与噪声区分开来。

图 16-1 显示了两种典型场景。每个图都显示了实验组和控制组中每个单元的结果测量值（垂直线）以及样本均值（三角形）。左图是纯噪声场景，其中实验组和控制组的结果分布相同，但如果你仅比较均值，就会得出操作 B 更优的结论。右图实验组的分布向右移，从而导致平均结果之间出现实际差异。

统计检验可以让你将这些直觉形式化。通常，零假设与备选假设形成对比，然后计算具有已知分布的检验统计量。用 $\bar{Y}_k, k \in \{A, B\}$ 表示 G_k 组单元的样本平均值：

$$\bar{Y}_k = \frac{1}{N_k} \sum_{i \in G_k} Y_i$$

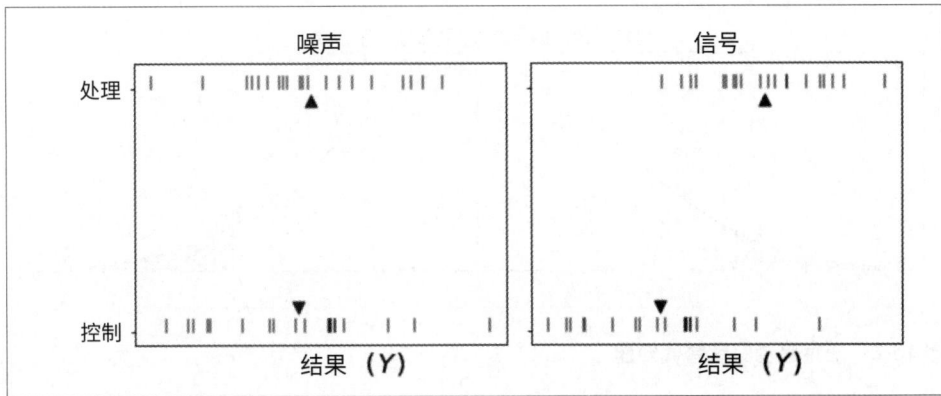

图 16-1：分离噪声和信号

A/B 测试中最常用的标准如下：

如果 $\bar{Y}_k - \bar{Y}_j > 0$ 则保持操作 k 且差异具有统计学意义

根据这一标准，你只需运行标准 t 检验，将没有影响的零假设与备选假设进行对比。用 $\hat{\theta} = \bar{Y}_B - \bar{Y}_A$ 表示平均结果的差异。双侧统计检验为：

$H_0 : \hat{\theta} = 0$

$H_1 : \hat{\theta} \neq 0$

H_0 表示结果没有差异的零假设。你的目标是以一定的置信区间拒绝这一假设；如果不能，则保留默认操作 A（或不保留，因为从这一特定指标的角度来看，它们是无法区分的）。

图 16-2 显示了实践中如何做到这一点。该图显示了在零假设下检验统计量的理论分布（请注意，它以 0 为中心），通常被认为是学生 t 分布。计算 t 统计量，如果它落在阴影区域（拒绝区）上，则可以在 α 显著性水平上拒绝零假设，该水平通常设置为 5% 或 1%。这是图中阴影区域的面积，这个值的选择要足够小。

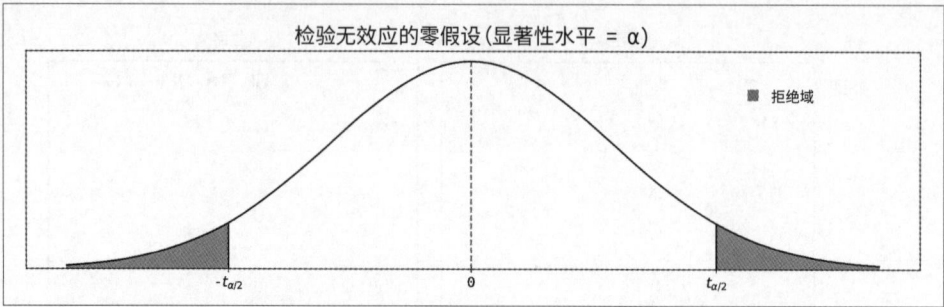

检验无效应的零假设(显著性水平 = α)

■ 拒绝域

$-t_{α/2}$ 0 $t_{α/2}$

图 16-2：决定是否保留替代处理

我想在这里停下来解释一下我刚才做的事情。通过选择一个足够小的显著性水平，你本质上是在说：如果零假设为真，那么看到检验统计量如此大的值的可能性很小，也许我的零假设是错误的。换句话说，零假设下极不可能发生的事件被视为拒绝零假设的证据。例如，如果你选择 1% 的显著性水平，你应该观察到一个测试统计量，该统计量在 100 次中有 1 次落在拒绝域中。但你在实验中得到了它！要么你非常不走运，要么你的零假设是错误的。你选择了后者，忽略运气，拒绝零假设。

让我们来看一下仅使示例图 16-1 中左图的数据集中的 10 个观测值来运行的例子（见表 16-1）。

表 16-1：前 10 个单元的结果

IDs	Control	Treatment
0	0.62	0.82
1	1.07	0.23
2	0.56	2.47
3	−0.61	0.54
4	2.63	1.12
5	0.17	−0.40
6	0.94	−1.12
7	1.44	2.60
8	2.25	1.39
9	1.42	0.76
均值	1.05	0.84

对于这 10 个单元，平均结果的差异为 $\hat{\theta} = 0.84 - 1.05 = -0.21$。要计算 t 统计量，我们首先需要差异的方差：

$$s_k^2 = \sum_{i \in G_k} \left(Y_i - \bar{Y}_k\right)^2 / (N_k - 1)$$

$$\mathrm{Var}\left(\hat{\theta}\right) = \mathrm{Var}\left(\bar{Y}_B\right) + \mathrm{Var}\left(\bar{Y}_A\right) = \frac{s_B^2}{N_B} + \frac{s_A^2}{N_A} = 0.224$$

$$\text{t-stat} = \frac{\hat{\theta}}{\sqrt{\mathrm{Var}\left(\hat{\theta}\right)}} = -0.44$$

这个 t 统计量是否足够大，可以拒绝无影响的零假设？我们可以使用包含临界值的表格，或者直接计算 p 值（自由度数为 $N_B + N_A - 2$）：[注1]

$$\text{p value} = 2\left(1 - F\left(\,|\,\text{t-stat}\,|\,\right)\right) = 0.67$$

在零假设下，有 67% 的概率看到至少正负 0.44 的极端值。由于这个值不够小（通常小于 5%），因此你不能拒绝这是纯噪声的零假设。从决策的角度来看，你依然要使用默认选项。

你还可以使用线性回归来获得完全相同的结果。为此，请运行回归：

$$Y = \alpha + \theta D + \in$$

一旦计算出 $\hat{\theta}^{\text{ols}}$，你就可以使用许多包预先计算的 p 值。注意 scikit-learn (*https://oreil.ly/nOe0Y*) 不计算 p 值，但你可以使用 statsmodels (*https://oreil.ly/hRZKC*) 这样做。在代码库 (*https://oreil.ly/dshp-repo*) 中，我将向你展示如何使用 statsmodel 手动实现这一点，以及 SciPy 的 t 检验方法 (*https://oreil.ly/apotw*)。

除了简单之外，线性回归还允许你包含其他控制变量（特征），这些变量可能会提供较小的置信区间。我将在本章末尾提供一些参考资料。

注 1： F 表示 t 分布的累积分布函数。

16.3 最小可检测效应

我希望我已经说服了你，使用以下三个步骤可以很容易地实现这个决策标准：

1. 确定一个重要性水平（比如 5%）。

2. 计算检验统计量和 p 值。

3. 如果 p 值低于显著性水平，则拒绝无效的原假设。

我在第 14 章中讨论了类似的基于阈值的决策，其中自然会出现假阳性和假阴性。事实证明，假阳性和假阴性在 A/B 测试的设计中也起着重要作用。

在这个背景下，如果你错误地得出实验有影响的结论，则会产生假阳性；如果你错误地得出实验没有影响的结论，则会产生假阴性。

如上所述，显著性水平控制着假阳性的概率。当你拒绝零假设（因为你认为存在影响而拒绝阳性）时，你犯错的概率由显著性水平（α）给出。另一方面，统计功效允许你控制假阴性的概率，这对于实验设计至关重要。

图 16-3 显示两个分布：左侧分布以 0 为中心，假设没有影响（$\theta = 0$）。右侧我绘制了另一个分布，假设存在正向影响（$\theta^* > 0$）。第二个分布将用于讨论假阴性。

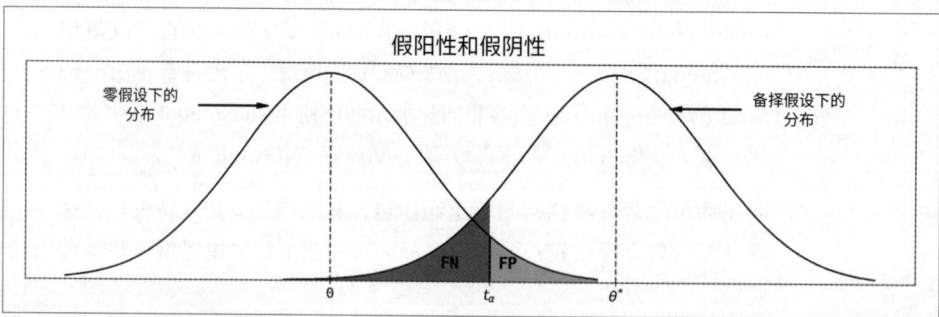

图 16-3：理解 FP 和 FN

对于给定的显著性水平，阴影区域 FP 表示假阳性的概率，即你错误地拒绝了原假设，从而得出了有影响的结论，而实际上没有影响。现在假设你得出没有影响的结论。每当你的 t 统计量落在临界值 t_α 的左侧时，就会发生这种情况。[注2] 如果这是假阴性，那么真实分布一定类似于右边的分布，阴影区域 FN 表示该分布的假阴性概率。

最小可检测效应（MDE）是你在给定显著性水平和统计功效下可以检测到的实验的最小效应。它由以下公式给出，其中 $N = N_A + N_B$ 是实验的总样本量，$P = N_B/N$ 是处理单元的比例，并且，与前面一样，t_k 是来自分布的临界值：[注3]

$$MDE = \left(t_\alpha + t_{1-\beta}\right)\sqrt{\frac{\mathrm{Var}(Y)}{NP(1-P)}}$$

为什么 MDE 对你如此重要？即使存在真实效应，当其小于 MDE 时，你也能够估计它，但它在统计上似乎不显著。实际上，这意味着你运行测试后得出该处理没有增量效应的结论。问题是这是真阴性还是假阴性。在统计功效不足的测试中，你无法说出它是真阴性还是假阴性。

正如本讨论所表明的，设计 A/B 测试时，你的目标就是实现尽可能低的 MDE。通过设计，较小的 MDE 保证你能够在所有噪声数据中找到同样小的信号（真实效果）。

图 16-4 显示 MDE、样本大小和结果方差之间的关系。对于固定方差，增加实验中的样本大小会降低 MDE。或者说：实验规模越大，越有利于估计微小影响。

现在，固定样本量，并在图中不同的曲线上画一条垂直线。数据越嘈杂（方差越大），MDE 越高。这告诉我们，对于嘈杂的数据，你需要更大的样本量才能获得可比的 MDE。

注 2：　下标现在是 α 而不是 α/2，因为我现在正在考虑单侧检验。

注 3：　你可以在这里（*https://oreil.ly/C-rt9*）找到出处。

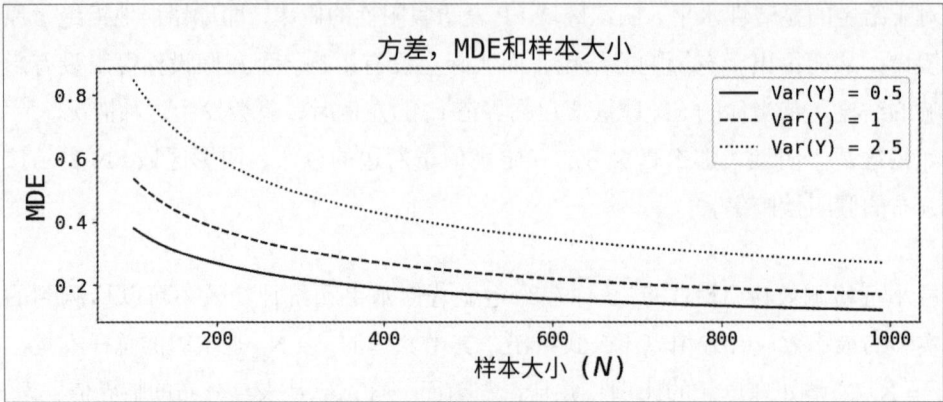

图 16-4：MDE、方差和样本大小之间的关系

总结本节的要点：

* 你想使用较小的 MDE 设计测试。

* 为此，你需要在更大规模的样本上进行实验。

虽然这听起来很简单，但请记住，设计更大规模的实验可能会影响你组织的运作。很多时候，你需要测试几个月的时间，在此期间要切断与参与者的任何沟通，因此大型实验也有缺点。我稍后在讨论实验治理时会讨论这个问题。

示例 16-1 展示了如何在 Python 中计算 MDE。要找到 t 分布的临界值，用户必须提供统计检验的大小（显著性）和统计功效（或使用默认值）。自由度通常是样本大小的函数；这里我将其设置 n – 1，但对于足够大的样本量，不需要进行校正。

要找到临界值，可以使用累积分布函数（CDF）的逆函数。在 SciPy（*https://oreil.ly/Wusn7*）中，你可以使用方法 scipy.stats.t.ppf()。由于我想要分布右尾的临界值 t_α，因此我需要用 1 减去显著性水平。类似的方法也适用于第二个临界值（$t_{1-\beta}$），但现在重点关注的是分布的左尾。

示例 16-1：计算 MDE 的 Python 脚本

```
def compute_mde(sample_size, var_outcome, size=0.05, power = 0.85):
    # degrees of freedom: usually a function of sample size
    dof = sample_size - 1
    t_alpha = stats.t.ppf(1-size, dof)
    t_ombeta = stats.t.ppf(power, dof)
    p = 0.5
    den = sample_size*p*(1-p)
    MDE = (t_alpha + t_ombeta)*np.sqrt(var_outcome/den)
    return MDE
```

很多时候，你不需要 MDE，而是需要与所需 MDE 一致的最小样本量，以帮助你选择正确的实验规模。幸运的是，你可以反转该函数并将样本量作为其他所有变量的函数进行求解；请注意，现在你必须提供一个 MDE。示例 16-2 展示了如何实现这一点。

示例 16-2：用于计算最小样本量的 Python 脚本

```
def compute_sample_size(mde, var_outcome, data_size, size=0.05, power = 0.85):
    # data_size is the number of subjects used to compute the variance of the outcome
    # (var_outcome)
    dof = data_size - 1
    t_alpha = stats.t.ppf(1-size, dof)
    t_ombeta = stats.t.ppf(power, dof)
    sum_t = t_alpha + t_ombeta
    p = 0.5
    sample_size = var_outcome/(p*(1-p))*(sum_t**2/mde**2)
    return sample_size
```

现在我将讨论其余参数的选择。

16.3.1 选择统计功效、显著性水平和 P 值

通常的做法是选择 $\alpha = 0.05$ 和 $\beta = 0.15$。虽然你希望两者都尽可能小，但对于固定的 MDE，你需要权衡两者，这在实践中意味着权衡假阳性和假阴性的概率（见图 16-5）。在设计实验时，你可以考虑这些因素，看看对你来说什么是

最重要的。只需记住正确解释这些值：5% 是零假设下假阴性的概率，15% 是
备择假设下假阳性的概率。

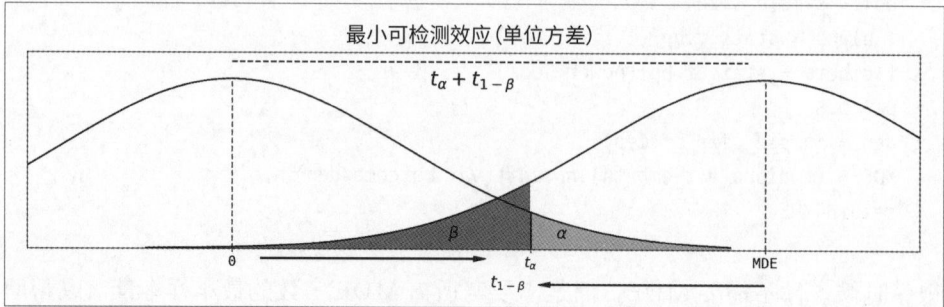

图 16-5：MDE，显著性水平和统计功效

要设置处理单元的比例（P），请注意，在其他条件相同的情况下，当 P = 0.5 时，
MDE 最小，因此这是一个合理的选择。实际上，这意味着实验组和控制组的
规模相等。

16.3.2 估计结果的方差

你需要的最后一个参数是结果的方差（Var(Y)）。很多时候，你实际上可以根
据现有数据估算出这一数字。例如，如果你的结果是用户的平均收入，那么你
可以从数据库中随机获取客户样本，并估算他们之间的差异。

当结果是一个二元变量（如转化率）时，还有另一个技巧。例如，如果你的实
验旨在查看新功能是否会提高转化率，则每个单独的结果都是 $Y_i \in \{0, 1\}$，取
决于它是否最终完成销售。你可以将其建模为概率为 q 的伯努利试验，方差为
Var(Y) = q(1 − q)。你可以使用以前广告系列的平均转化率，并将其代入公式中
的 q 以获得估算值。

最后，你始终可以先运行 A/A 测试。顾名思义，两个组中的单元都提供默认替
代方案 A。然后，你可以使用此实验的结果来估计结果的方差。

16.3.3 模拟

让我们运行一些模拟，以确保所有这些概念都清晰易懂。我将对这两个模拟使用以下简单的数据生成过程：

$$\in \sim N\left(0, \sigma^2\right)$$
$$D \sim \text{Bernoulli}(p = 0.5)$$
$$y = 10 + \theta D + \in$$

我的第一个模拟使用 $\theta = 0.5$、$\sigma^2 = 3$，因此真实效果较小（相对于噪声数据而言）。第二个模拟保持残差方差相同，但现在没有真实效果（$\theta = 0$、$\sigma^2 = 3$）。每次模拟的样本量为 500。

对于第一次模拟，我计算了允许我检测真实效应的最小样本量（N(MDE = 0.5) = N* = 346）。然后我创建了一个样本量网格，范围从这个大小的 50% 到 150%，对于每个样本量，我从总体样本中抽取 300 个同样大小的子样本。对于每个子样本，估计一个包含截距和虚拟变量的线性回归，并且当虚拟变量的 p 值低于（高于）5% 的显著性水平时，将其标记为正（负），就像我在实验真实时所做的那样。最后，我通过平均标记来计算真阳性和假阴性率。

图 16-6 绘制第一次模拟的真阳率（TPR）和假阴率（FNR），以及用于计算最小样本量的统计功效。正如你所预料的那样，样本量越大，TPR 就越大，而 FNR 就越小：实验量越大，预测误差就越小。

最重要的发现是，当样本量达到我使用 MDE 公式得到的最小样本量时，两条线都会越过各自的阈值 $\beta = 15\%$。我再重复一遍，这意味着即使你的实验有效果，除非你的样本量足够大，否则你会认为它在统计上不显著。模拟中什么才算足够大？让我检测到真实效果的样本量。这展示了 MDE 公式的美妙之处，希望它也能帮助你掌握其背后的直觉。

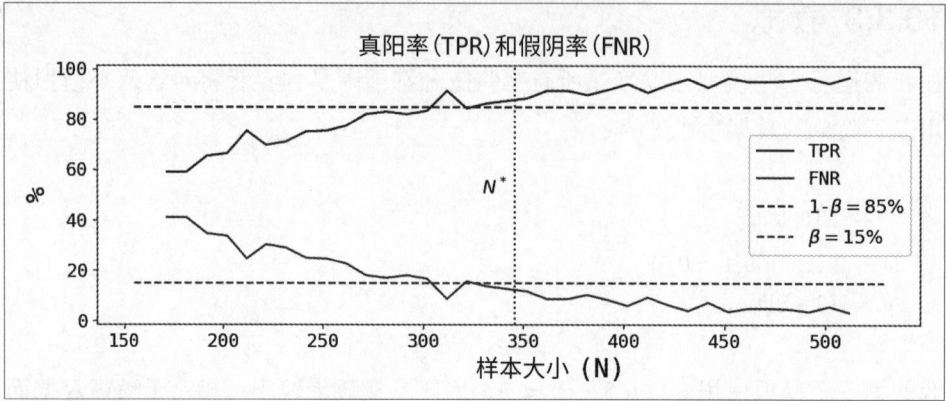

图 16-6：真阳率和假阴率：θ = 0.5

图 16-7 显示第二次模拟的结果，其中没有影响 θ = 0。使用相同的决策标准，如果 p 值小于（大于）5%，我会将结果标记为假阳性（真阴性）。该图应有助于加强你对重要性水平和 p 值的理解。在这种情况下，大约有 5% 的时间你会错误地得出实验有影响的结论。

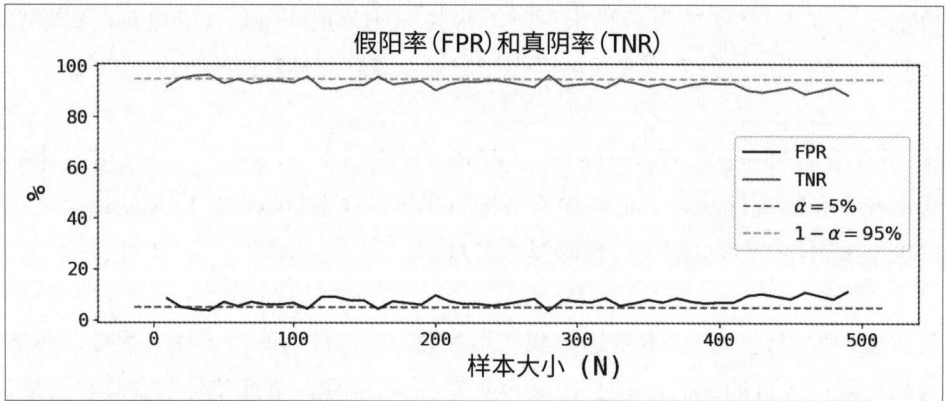

图 16-7：假阳率和真阴率：θ = 0

16.3.4 例子：转换费率

让我们来看一个更现实的例子，看看每个概念是否都清楚。你想设计一个 A/B 测试，看看自动电子邮件通信的不同措辞是否可以提高公司目前 4% 的基准转化率。

图 16-8 显示了在样本量为一千、一百万或十亿的情况下，你能够检测到的转化率（基线 + MDE）。在测试中，如果只有 1000 名客户，你只能检测到至少 3.3 个百分点的增量变化。例如，你将无法检测到一个非常成功的测试，其中新信息产生了 5.5% 的转化率！如果你只能访问 1000 个样本，建议不要进行测试，因为你只能检测到不现实的高增量效应。

相反，如果你有一百万名客户，MDE 现在为 0.001，因此任何大于 4.1% 的转化率都会被检测到。这听起来很有希望，但样本量可能大到无法进行实验。最后，如果你有十亿名客户，你可以检测到的最低转化率为 4.003%（MDE = 3.3e − 5）。通过扩大样本量，你可以真正将噪音与信号区分开来。

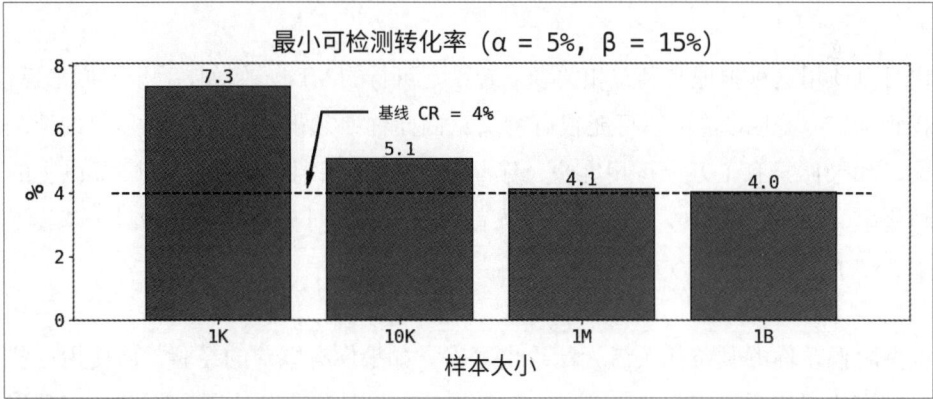

图 16-8：转换率和 MDE

别忘了，MDE 指的是由处理引起的指标的增量变化，这源自你进行推断的随机变量的定义：$\hat{\theta} = \bar{Y}_B - \bar{Y}_A$。

正如例子所示，一旦你确定了 MDE，就可以找到在处理下相应的最小可检测指标，具体如下：

$$\text{Minimum Detectable Metric} = \underbrace{\bar{Y}_A}_{\text{Baseline}} + \text{MDE}$$

16.3.5 设置 MDE

至此希望我已经说服你了：

- 设计实验必须考虑影响样本大小的统计功效和显著性水平。

- 对于统计功效不足的实验，你最终可能会说处理没有效果，而问题实际上可能是你没有使用足够大的样本。

- 你需要首先设置 MDE 来找到实验的最小样本量。

那么首先如何设置 MDE？一个重要的考虑因素是统计意义和商业意义不同。

回到前面的例子，即使你有十亿客户参与你的实验（一半得到控制，一半得到处理），运行测试是否具有商业意义？能够检测到 3.3e − 5 增量变化对业务有什么影响？对于大多数公司来说，并没有，所以即使统计意义上得到了满足，但从商业角度来看，继续进行实验是没有意义的。[注4]

你可以使用这种推理与利益相关者一起设定可行的 MDE。例如，对于他们来说，找到 4.1% 以上的转化率可能很有意义，因此你必须准备为 100 万客户设计测试。如果你只有 1 万个可用客户，你必须与他们讨论你只能检测到 5% 以上的转化率（MDE = 0.01）。如果每个人都对这样的估计感到满意（相对于基线增加 25%），那么进行实验是有意义的。

很多时候，你的利益相关者无法给出答案。如果你有以前的经验，请使用这些增量变化（或平均值）作为你的 MDE 来反向设计你的样本量。否则，请利用你的业务知识来得出合理的答案。

16.4 假设列表

A/B 测试的有效性和信息量取决于测试的假设。我曾经在一家公司工作过，那里的产品团队经常推出设计不当的实验。然而，缺乏统计稳健性并不是最令人担忧的方面。这些实验大多缺乏有根据的假设。

拥有假设列表是发展公司内部实验文化的一个关键方面。理想情况下，这应该

注 4： 当然，如果你的公司有十亿客户，那么转化率如此微小的提升就可能会产生可观的收入，但请耐心听我举这个例子。

包括团队想要测试的假设的排序列表，以及受影响的指标和支持效果的论据。我现在将逐一讨论这些内容。

16.4.1 指标

你不会感到惊讶，我从指标开始。定义明确的指标是成功进行实验的重要组成部分。正如第 2 章所讨论的，好的指标应该是可测量的、相关的、及时的和可操作的。

在 A/B 测试中，指标越接近"操作"，效果越好，这通常发生在指标既可操作又相关时。这意味着操作可以直接影响指标，而不是通过一系列最终影响所选指标的连锁效应。因此，顶层 KPI 在设计测试时并不是好的指标。正如你想象的那样，指标分解可以帮助你找到适合 A/B 测试的正确指标。

16.4.2 假设

至少，好的假设应该具有因果关系，即清楚地说明操作如何以及为何影响所选的指标。

"如何"是指效果的方向性，例如，"如果我们将价格降低 1%，客户购买的可能性就会更大"这一假设明确表明，价格折扣会提高转化率。这个假设仍然缺乏"为什么"，即对效果背后机制的理解。"为什么"对于评估假设的可信度至关重要，也将用于排名目的。

好的假设也有风险，不是从公司的角度来看，而是从测试设计者的角度来看。比较以下两个很容易遵循价格折扣假设的陈述：[测试很重要，因为] 转化率会增加，和 [测试很重要，因为] 转化率将增加 1.2 个百分点。前者只是提供方向指导，后者量化了预期的影响。量化提供了可用于对替代假设进行排名的重要信息。

16.4.3 排名

理解开展实验对任何组织来说都是昂贵的，这一点很好。一方面，有直接成本，如所用的时间、精力和其他资源。但每次与客户互动时，他们对公司的看法都可能发生变化，这可能会导致客户流失或至少降低未来的效益（想想客户将你标记为垃圾邮件，从而无法联系到）。另一方面，启动具有更大潜在影响的测试也存在机会成本。

一旦你考虑了启动测试的成本，对不同的假设进行排名就变得至关重要，可以指导它们的优先级排名。一个好的做法是在整个组织内共享假设列表，以便不同的团队可以参与并讨论排名和其他相关信息。

16.5 实验治理

如果你将测试作为数据驱动战略不可或缺的一部分，那么就需要实施和规范治理框架。与数据治理一样，我倾向于站在更务实的一边，不是试图完成一组详尽的任务，而是旨在满足一组最低限度的目标（实际上是可实现的）。

对于你的组织来说可能很重要的一些目标包括：

责任制

实验应该有一个明确定义的负责人（通常是一个团队）对测试结果负责，无论这些结果是有意的还是无意的。

商业安全

应实施合理的防护措施，以确保任何团队的实验都不会对业务产生重大影响。如果一个或多个 KPI 超过某些预定义的阈值，应该关闭实验。

以客户和人为本

影响人类行为的实验，无论是否针对顾客，都应遵循一些与公司价值观相符的最低道德标准。

总体的和局部的效果

当多个实验同时进行时，需要保证不同测试的实验组和控制组不重叠。可能还需要制定隔离或休息期政策，以免影响业务运营和其他测试的整体有效性。

知识增长

作为改进决策的关键部分，A/B 测试的结果应该有助于增长和培育具有正面和负面结果的知识库。

可复制性和可再现性

用于设计和分析实验结果的任何文档和代码都应保存在公司范围的存储库中，以供日后重现。

安全

用于大规模运行实验的技术堆栈应遵守公司的资料安全和数据隐私政策。

透明度和监督

研究结果应尽可能广泛且及时地公布。

16.6 关键要点

以下是本章的要点：

A/B 测试是提高组织决策能力的有效方法。

你可以将 A/B 测试视为对组织的主要指标进行局部优化。

测试应设计为达到所需的统计功效。

A/B 测试的设计应考虑假阳性或假阴性的概率。统计显著性控制前者，功效控制后者。功效不足的实验可能会导致你由于样本量不足而错误地忽略实验的真实效果。

量化实验的最小可检测效应（MDE）应该有助于你设计具有良好统计功效的检验。

计算 MDE 很简单，它能告诉你在给定显著性水平和功效、样本量以及考虑结果的方差的情况下，你能够估计出的最小增量效应。对于给定的 MDE，你可以使用相同的公式来求解最小样本量。

实验治理。

随着你的组织变得更加成熟，同时进行的测试数量也不断增加，你将需要建立一个治理框架，以便实现一些最低限度的理想目标。我提出了几个可能适合你组织的框架。

16.7 扩展阅读

Howard Bloom 的 "The Core Analytics of Randomized Experiments for Social Research"，SAGE 社会研究方法手册，2008 年，可查阅在线的（*https://oreil.ly/ZYG15*），或他的 "Minimum Detectable Effects: A Simple Way to Report the Statistical Power of Experimental Designs"，Evaluation Review，19(5)（可用在线的资料，*https://oreil.ly/QCxlC*，应该可以帮助你理解 MDE 公式的推导。你也可以查看我对《Analytical Skills for AI and Data Science》（O'Reilly）附录的注释（*https://oreil.ly/1S0Es*）。

Guido Imbens 和 Donald Rubin 合著的《Causal Inference for Statistics, Social, and Biomedical Sciences: An Introduction》（Cambridge University Press，2015 年）第二部分详细讨论了使用随机化（A/B 测试）进行统计推断的许多不同方面，例如基于模型的（贝叶斯）推断、Fisher 精确 p 值和 Neyman 重复抽样。但请注意，他们没有讨论设计问题。

Ron Kohavi、Diane Tang 和 Ya Xu 合著的《Trustworthy Online Controlled Experiments. A Practical Guide to A/B Testing》（Cambridge University Press，2020 年）用了一本书的篇幅介绍设计和运行大规模在线测试时可能遇到的许多实际困难。Ron Kohavi 和 Roger Longbotham 的 "在 Online Controlled Experiments and A/B Test" 中有一个明显更短更精简的版本，收录于 D. Phung、GI Webb 和 C. Sammut 编的 "Encyclopedia of Machine Learning and Data Science" [Springer，在线版（*https://oreil.ly/DDRZd*）]。

Nicholas Larsen 等，"Statistical Challenges in Online Controlled Experiments: A Review of A/B Testing Methodology" [arXiv（*https://oreil.ly/R0uiR*），2022 年] 提供了最近对类似主题的调查。例如，我还没有讨论异质性处理效果或 SUTVA 违规。

我发现 Sean Ellis 和 Morgan Brown 的《Hacking Growth: How Today's Fastest-Growing Companies Drive Breakout Success》（Currency，2017 年）对设计和实施成功的假设列表很有帮助。虽然他们只关注与增长相关的主题，但这种方法很容易推广。

第 17 章

大型语言模型和
数据科学实践

据估计（*https://oreil.ly/2CoQ6*），2023 年 5 月美国因人工智能的发展而失去近 4000 个工作岗位，占当月所有失业人数的近 5%。一家全球投资银行在一份报告（*https://oreil.ly/xCO5d*）中估计，人工智能可以取代 25% 的工作，而该领域的主要参与者之一 OpenAI，估计（*https://oreil.ly/IhhLZ*）根据可能受人工智能影响的任务比例来衡量，几乎 19% 的职业都受到显著影响。一些分析师（*https://oreil.ly/sq6AE*）声称数据科学本身很容易受到影响。

那么 GPT-4、PaLM2 或 Llama 2 等大型语言模型（LLM）将如何改变数据科学实践？本书或其他地方介绍的难点对于你的专业发展和职业发展是否仍然重要？

本章与前几章有很大不同，因为我不会讨论任何技术，而是推测人工智能对数据科学实践的潜在短期和中期影响。我还将讨论这本书的内容是否能经受住当前人工智能颠覆的考验。

17.1 当前人工智能的状态

人工智能是一个广泛的领域，涵盖了许多不同的技术、方法和途径，但通常与使用非常大的神经网络和数据集有关。在过去几年中，图像识别和自然语言处理领域的发展速度大幅加快，但后者的发展速度更快，最新发布的基于

Transformer 的 LLM 包括：OpenAI 的 GPT4（*https://oreil.ly/tGzAm*）和 Google
的 Bard（*https://oreil.ly/ZWSZ4*），这引起了当前的焦虑和对其对劳动力市场
影响的担忧。

人们普遍认为 LLM 在执行自然语言任务方面表现出色，包括文本理解和文本
生成、摘要、翻译、分类和代码生成。有趣的是，当模型的规模达到一定阈值时，
会出现意想不到的行为。这包括小样本学习，它允许模型从相当少量的观察中
学习新任务，以及链式思维推理，模型通过将推理过程分解为多个步骤来解决
问题。

在一篇广泛讨论的关于 LLM 对就业市场影响的论文中，Tyna Eloundou 等
（2023）研究了不同职业所执行的具体任务，并根据它们对 AI 提高生产力的
暴露程度将其分为三类（无暴露、直接暴露或通过 LLM 赋能的应用程序暴
露）。[1] 在许多其他有趣的发现中，他们表明一些技能与暴露程度的测量结
果之间的相关性更高。图 17-1 显示了他们分析中基本技能与暴露之间的相关
性。[2] 如你所见，编程与暴露之间的正相关性最强，而科学与暴露之间的相关
性最负；这表明，依赖这些技能的职业更多或更少的受暴露影响。

这对数据科学意味着什么？仅从基本技能来看，你可以假设某些部分暴露程度
较高（最突出的是编程），而其他部分暴露程度较低（特别是科学和批判性思维）。
但这实际上取决于你认为数据科学家做什么。事实是，数据科学家在公司中执
行各种各样的任务，而不仅仅是机器学习（ML）和编程。

注 1： 他们将"暴露"定义为访问 LLM 或 LLM 赋能的系统是否可以将人类执行特定活动（详
       细工作活动）或完成任务所需的时间减少至少 50%。

注 2： 在图中，我取了他们在表 5 中报告的三个估计值的平均值，因此，从方向上讲，我捕
       捉到了他们希望传达的直觉，即某些技能更容易受到 LLM 的影响。

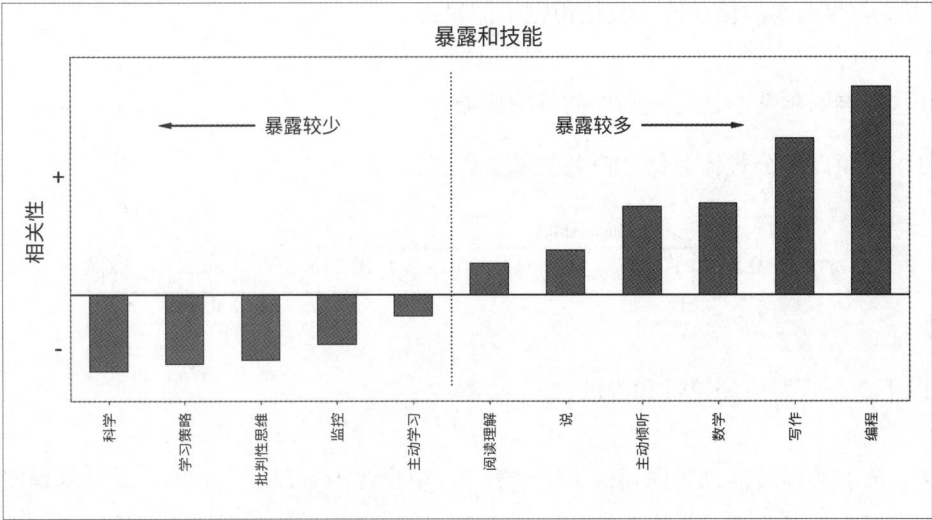

图 17-1：技能与影响暴露呈正相关和负相关 [平均值来自 Eloundou 等（2023 年）的表 5]

17.2 数据科学家们做什么

为了更好地了解数据科学对当前人工智能的暴露程度，我现在将研究从业者在工作场所完成的具体任务。为了练习的目的，我将使用 O*Net（*https://oreil.ly/fCcZO*），它在类似的分析中很常用；它并不完美，当然也不完整，但它仍然提供了一个有用的基准。

每项任务都将根据数据科学中使用的四项主要基本技能进行评估：商业知识、机器学习和统计学、编程和软技能。我的唯一目的是提供方向正确的评估，因此我将使用三个可能的级别（低、中、高），分别用数字编码为 0、1 和 3，并在下方用 x 表示。

例如，我将使用统计软件分析、操作或处理大量数据的任务在商业知识、机器学习、编程和软技能方面分别评为高、低、高和低。对我来说，分析需要对业务有深入的了解，但除此之外，这项任务严重依赖于编程。我对所有任务都重复同样的过程。[注 3]

注 3： 你可以在代码库中（*https://oreil.ly/dshp-repo*）找到排序。

为了获得暴露的估计值，我使用以下流程：

1. 根据四项基本技能分别评估每项任务。

2. 使用以下公式计算每个任务的暴露程度：

$$\text{Exposure} = \overbrace{0.2 \cdot x_B + 0.8 \cdot x_{ML} + 1 \cdot x_P - 0.2 \cdot x_S}^{\text{Basic skills}} - \underbrace{(0.2 \cdot x_B \cdot x_{ML} + 0.2 \cdot x_B \cdot x_P)}_{\text{Analytical skills}}$$

以下是公式背后的逻辑和假设：

- 所有基本技能都可以通过 LLM 学习，至少在一定程度上如此。就暴露程度而言，我将它们排序为软技能 < 商业知识 < ML < 编程，因此权重放在线性部分。这个顺序体现了这样的直觉：至少在短期内，编程比 ML 更容易暴露，而这又比商业知识更容易暴露，而商业知识又比软技能更容易暴露。

- 我认为，涉及商业知识的机器学习和编程任务需要分析技能和批判性思维，而这些技能和思维在人类水平或通用人工智能（AGI）出现之前将更难培养。因此，我加入了降低暴露程度指标的交互项。

软技能的重要性值得进一步讨论：我的看法是，软技能在人与人之间的互动中仍然极其重要。但尽管听起来有些牵强，但不难想象未来的人工智能将完全取代人类的互动，而软技能可能变得无关紧要。

结果呈现在表 17-1。在 O*Net 网站列出的 15 项任务中，40% 被归类为高暴露程度的技能，20% 被归类为中等暴露程度的技能，40% 被归类为低暴露程度的技能。查看特定任务的暴露程度指标，在我看来，它的方向是正确的，并且正如预期的那样，编程和 ML 任务的暴露程度更高，但对分析技能的需求降低了它们的整体暴露程度。

六项低暴露程度指标的任务都严重依赖业务知识、分析技能或软技能。在我对数据科学家识别或提出解决方案的所有技能的低暴露程度评估中，分析技能发挥了重要作用。

另一方面，我认为风险较高的任务在当前最先进的人工智能技术下更容易实现自动化。目前，其中一些任务仍然需要人类专家参与，但在不久的将来，情况可能并非如此。

表 17-1：数据科学任务和暴露程度

任务	暴露程度
向管理层或其他最终用户口头或书面呈现数学建模和数据分析的结果	低
向关键利益相关者推荐数据驱动的解决方案	低
确定可以通过数据分析解决的业务问题或管理目标	低
识别通过数据分析结果解决的业务问题，例如预算、人员配置和营销决策	低
运用数学理论和技术在工程、科学及其他领域提出解决方案	低
阅读科学文章、会议论文或其他研究来源，以识别新兴分析趋势和技术	低
应用特征选择算法到预测感兴趣结果的模型，例如销售、客户流失和医疗使用	中
使用统计软件分析、操纵或处理大数据集	中
设计调查、民意调查或其他数据收集工具	中
使用统计软件清理和处理原始数据	高
确定关系和趋势或任何可能影响研究结果的因素	高
测试、验证和重新制定模型，以确保准确预测感兴趣的结果	高
应用抽样技术以确定调查的群体或使用完全枚举方法	高
使用统计性能指标（如损失函数或解释方差比例）比较模型	高
用编程语言编写新函数或应用程序以进行分析	高

17.3　不断演变的数据科学家职位描述

以数据科学家常见的 15 项任务列表作为基准职位描述，并假设关于暴露的预测至少在方向上是正确的，显然，随着更强大的人工智能在各公司继续部署，数据科学的实践需要不断发展。

至少在编程方面，目前似乎达成了共识，即当前的人工智能状态显著提高了开发者的生产力。像 GitHub Copilot（*https://oreil.ly/wFQg7*）和 Bard（*https://oreil.ly/a4RD9*）这样的工具正在成为标准，并且有充分理由相信数据科学家和数据工程师也在接受这些工具。一些评论者甚至谈到了性能提升 10 倍（*https://*

oreil.ly/n-2WO），而最近的一项调查（*https://oreil.ly/4k_AR*）发现，超过 90%
的开发者已经将人工智能作为生产力工具使用。

然而，目前很明显，LLMs 的现状需要人类专家的参与，既要提示和引导 AI 得
到所需的答案，又要调试可能出现的一些错误，并处理任何可能的幻觉（*https://
oreil.ly/ZlGRN*）。此外，与纯软件开发中的大量工作相比，使用数据进行编程
要求输出从业务角度来说是有意义的，而目前这项任务需要知识渊博的人。

但值得一问的是，在不久的将来，商业利益相关者是否能够直接与人工智能互
动，从而完全取代数据科学家的工作。

例如，在许多公司中，数据从业者从利益相关者那里获取业务需求，并用 SQL
编写必要的查询以生成报告或仪表板。我认为这是一项与人工智能密切相关的
任务，因此很可能从数据科学家未来的工作描述中消失。

那么未来数据科学的工作描述将会是什么样的呢？再次假设 AGI 尚未实现（否
则，每个职业都必须重新定义），在我看来，有两种可供选择的长期方案：[注4]

• 非技术业务利益相关者变得以数据为导向，学会从数据中提出问题，并以
  分析性和科学性的方式思考他们的业务问题。

• 数据科学家变得具有商业和分析头脑，并学会根据证据做出商业决策。

在第一种情况下，数据科学职业消失，非技术型商务人士接受大量再培训，以
获得与人工智能互动所需的技能，并以数据驱动的方式回答业务问题（想想前
面的 SQL 示例）。在这种情况下，人工智能增强了精通业务的人的能力。

在第二种情况下，业务利益相关者变得多余，数据科学家使用人工智能来执行
技术任务，并使用他们独特的分析技能和业务知识。

注 4：　老实说，进步的速度如此之快，让人很难预测事情何时会发生。

哪种情况（如果有的话）最有可能出现？我的猜测是，这取决于哪种技能的获取成本更高，是数据驱动（并以科学的方式思考业务问题）还是商业头脑。根据我过去十年的经验和观察，数据驱动受到了很多关注，非技术商务人士在数据驱动方面并没有取得实质性的进步。但数据科学家在商业头脑方面也没有取得实质性的进步。也许当生存受到威胁时，变化最终会发生。

17.3.1 案例学习：A/B 测试

我将以 A/B 测试为例来解释这些预测和推测。A/B 测试的核心是两套技能：

业务

　　定义并确定需要测试的假设列表的优先顺序，以及评估实验的结果指标。

技术

　　设计实验，随机化并确保识别因果关系的假设可能实现，并测量影响。

我猜，目前大多数公司的数据科学家和业务利益相关者在这些领域的职能几乎完全分离。但撇开 1% 的需要高度专业化、前沿知识来设计和评估实验的情况，我猜大部分技术细节都可以用当前的技术实现自动化（LLM 可能只是充当中介）。在我看来，（非前沿）A/B 测试真正困难的部分是提出好的指标和好的假设来测试。

有了人工智能的帮助，人类应该能够处理公司开展的绝大多数测试。得益于用于训练 LLMs 的大量数据，我也可以看到人类在构思假设的过程中使用人工智能，但如果不深入了解世界和商业的运作方式以及潜在的因果机制，我认为人工智能在这个领域无法发挥关键作用。

可以肯定的是，我认为人工智能不会完全独立地运行技术方面。知识渊博的人将指导这一过程。问题在于这个人是谁，他们的角色叫什么。

17.3.2 案例学习：数据清理

数据科学家花费相当多的时间来清理和转换数据，以使其适用于更有价值的目的。再次强调，我将假设数据清洗过程中的简单部分是实际执行，使用 SQL 或其他编程语言（如 Python 或 R），这在今天是常见的做法。

真正困难的部分是做出依赖于关键业务知识的决策。一个典型的例子是你是否应该将空值转换为零。答案是，在某些情况下，这样做确实有意义，而在其他情况下则没有。这取决于具体的业务环境。另一个例子是数据质量，在这里你最终会知道某些事情是正确的，因为它们从业务角度来看是有道理的。

非技术型业务利益相关者能否在人工智能的帮助下做出这些决策？我认为答案是肯定的，但这可能需要一些再培训，或者至少需要一些详尽的文档化流程。当然，想象未来这些内部操作手册可以在培训公司的人工智能代理时使用，并不是很困难。

17.3.3 案例学习：机器学习

那么 ML 的案例呢？首先，数据科学家决定应该针对特定用例使用哪种技术。我的猜测是，在当前 LLM 的状态下，AI 可以轻松帮助非技术业务利益相关者做出此决定（因为网络上有很多关于何时做什么的讨论，这是用于训练当前 LLMs 系列的语料库的一部分）。换句话说，我认为人类在做这个决定时不具有比较优势；再说一次，抛开需要高度专业化人才的 1% 用例，你所需要的只是一个数据科学家今天在工作中学习的操作手册。尽管如此，一个关键方面是理解为什么一种工具比另一种工具更好，很明显 LLMs 还远未达到这种智能水平。

确实，当今最优秀的数据科学家专注于每种预测算法的技术细节，并利用这些知识对模型进行微调，使其性能更佳。例如，训练一个现成的梯度提升分类器非常容易，但很难知道要优化哪些元参数来提高预测性能。但事实是，已经存在自动化的 ML 框架来处理这个问题。这就是为什么我不再认为这是一项让数据科学家比人工智能更具竞争优势的关键技能。此外，如果需要的话，LLMs 或将可以建议其他行动方案（同样，这依赖于对训练数据的记忆 / 信息检索）。

那么，机器学习的难点是什么呢？人类与 LLMs 相比具有明显的比较优势。我认为难点在于提出关于一组特征为何能预测给定结果的潜在因果机制的假设。在这里，工作描述中的科学部分至关重要，并且可能在未来使数据科学家比非技术业务人士更具优势。

17.4 LLM 和本书

本书介绍了一些旨在帮助你成为更高效的数据科学家的技术。当然，其中一些技术或多或少与人工智能有关，这取决于执行这些技术所需的基本技能组合。

在表 17-2 我使用与之前完全相同的方法，对每章的暴露程度进行了主观评估。同样，我的目的只是确保方向正确，结果对我来说看起来是合理的：第一部分的章节更多地依赖于商业知识和软技能，对编程技能和 ML 或统计知识的关注较少，因此暴露程度较低。第二部分更多地涉及 ML 和统计，因此暴露程度更高。

表 17-2：按暴露程度排序的书籍章节

章节	主要内容	暴露程度
1. 那又怎样	如何衡量团队的影响	低
7. 叙述	如何在创建项目之前和之后构建叙事	低
6. 提升	查看不同群体之间差异的技术	低
2. 指标设计	找到更好的指标以付诸行动	低
3. 增长分解	理解业务发生的情况	低
4. 2×2 设计	简化以理解复杂问题	低
5. 商业案例	如何衡量具体项目的影响	低
8. 数据可视化	提取知识并通过数据可视化传达关键信息	中
15. 增量	理解因果关系的基本知识	中
16. A/B 测试	实验设计	中
10. 线性回归	增强你对机器学习算法工作原理的直觉	中
13. 讲故事 ML	使用机器学习叙事来创建特征和解释结果	高
14. 从预测到决策	根据机器学习做出决策	高
9. 模拟和自助	深入理解机器学习算法的工具	高
11. 数据泄露	识别和纠正数据泄露	高
12. 生产化模型	最小框架，以便在生产环境中部署	高

这说明了什么？让我们想象一下，任务要么完全不暴露，要么完全暴露；前者意味着 LLMs 没有价值，后者意味着人工智能可以自己完成任务。事实是，大多数职业的任务都处于中间位置，但现在我们先不考虑这一点。在这个极端的世界里，你应该投资前一种技能，因为相对于 LLMs 来说，它们会让你变得特别。

这项练习的重点是，鉴于 LLMs 目前的能力，书中学到的一些技能值得你投入更多的时间和精力去发展。请注意，我并不是说你不应该投资成为一名优秀的程序员或 ML 或统计专家。相反，至少对于编程而言，LLMs 的兴起使这项技能对于你作为数据科学家的价值降低了。对于 ML 和统计来说，现在下结论还为时过早。

当然，我的预测当然需要谨慎对待，但我确实认为，数据科学实践的未来可能会走这样的道路：在短期内，数据科学家的生产力因 LLMs 能够生成高质量代码而得到增强，这一过程由知识丰富的人类进行辅助。长期来看，情况更加不确定，可以合理地认为，数据科学实践可能会被完全重新设计，甚至可能会消失，正如之前所讨论的那样。

17.5 关键要点

以下是本章的要点：

LLM 正在改变工作。

2023 年可能会被铭记为人工智能开始对劳动力和劳动力市场产生显著影响的第一年。

正如我们所说，数据科学正在受到影响。

与软件开发人员类似，人工智能对数据科学实践的直接影响是编程效率。

但数据科学家常执行的许多其他任务也受到人工智能的影响。

我分析了 O*Net 列出的 15 项任务，发现大约 40% 的任务暴露程度较高，20% 的任务暴露程度中等。更依赖编程的任务自然暴露程度更高，但我认为机器学习和统计学在中期内也会受到影响。商业知识和软技能暴露程度较低。

数据科学职位描述的变化。

我最好的猜测是，数据科学的实践将在不久的将来发生变化，不再那么重视编程和机器学习技能，而更加重视分析技能、因果关系和商业知识。

17.6　扩展阅读

鉴于该领域的发展速度，关于该主题的推荐阅读很可能很快就会过时。话虽如此，以下是一些指导我了解该领域现状的文章。

Tyna Eloundou 等，"GPTs are GPTs: An Early Look at the Labor Market Impact Potential of Large Language Models"，2023 年 3 月，来自 arXiv（*https://oreil. ly/lDoUs*）。这篇文章提供了不同职业对人工智能暴露程度的估计。我没有使用相同的方法来量化数据科学的暴露程度，因此如果你想提出其他方案，那么这篇论文绝对值得一读。

Sebastien Bubeck 等，"Sparks of Artificial General Intelligence: Early Experiments with GPT-4"，2023 年 4 月，来自 arXiv（*https://oreil.ly/aN_xl*）。这篇论文引发了一场关于我们是否接近实现 AGI 的有趣争论。他们认为，未来这类 LLM 很可能会被贴上 AGI 原型的标签。请注意，许多领先的研究人员，最著名的是 Yann LeCun（*https://oreil.ly/rj8tu*）[另请参阅这里（*https://oreil.ly/2x2KQ*）]，认为自回归模型不能实现 AGI。

Ali Borji，"A Categorical Archive of ChatGPT Failures"，2023 年 4 月，来自 arXiv（*https://oreil.ly/Q9K0V*）。这篇论文不断更新，展示了当前人工智能的现状可能出现哪些问题。

Grégoire Mialon 等，"Augmented Language Models:A Survey"，2023 年 2 月，来自 arXiv（*https://oreil.ly/o_WWd*）。即使 LLM 尚未达到人类水平的通用智能，也有办法提高其推理或使用外部工具的能力，从而覆盖更广泛的用例。

以下两篇论文讨论了随着 LLMs 规模不断增加而出现的能力：

Jason Wei 等，"Emergent Abilities of Large Language Models"，2022 年 10 月，
来自 arXiv（*https://oreil.ly/ZcWNn*）。

Rylan Schaeffer 等，"Are Emergent Abilities of Large Language Models a
Mirage?" 2023 年 5 月，来自 arXiv（*https://oreil.ly/CEqdI*）。

作者介绍

Daniel Vaughan 目前是一名自由职业的数据科学家和 ML/AI 从业者及战略家。他是《Analytical Skills for AI and Data Science》（O'Reilly，2020）的作者。拥有超过 15 年的机器学习模型开发经验，以及超过 8 年的数据科学团队领导经验，他热衷于通过数据科学创造价值并培养年轻人才。他获得了纽约大学（NYU）经济学的博士学位（2011）。在业余时间，他喜欢跑步、在墨西哥城遛狗、阅读和演奏音乐。

封面介绍

本书封面的动物是一只斑马鱼（学名：Danio rerio）。斑马鱼是一种淡水鱼，属于小鲤家族，原产于南亚。它们因其侧面有五条水平蓝色条纹而得名，这些条纹延伸到尾鳍末端。雄性在蓝色条纹之间有金色条纹，而雌性则有银色条纹而非金色。野生的斑马鱼通常可长至 1.5 英寸，寿命为两三年。它们通常生活在浅水区，包括溪流、池塘和稻田。

斑马鱼因其鲜艳的颜色而在水族箱中很受欢迎，同时它们易于照顾和繁殖。它们的卵在两到三天内孵化，并在三到四个月内达到成熟。由于其透明的卵和幼虫便于观察发育，它们在科学研究中也被广泛用作脊椎动物模型生物。

由于在自然栖息地的数量众多，斑马鱼被认为是一种低关注物种。许多 O'Reilly 封面上的动物是濒危物种；它们都对世界非常重要。

封面插图由 Karen Montgomery 创作。